Max von Frey

Untersuchungen über die Sinnesfunktionen der menschlichen Haut

Druckempfindung und Schmerz

Max von Frey

Untersuchungen über die Sinnesfunktionen der menschlichen Haut

Druckempfindung und Schmerz

ISBN/EAN: 9783959131971

Auflage: 1

Erscheinungsjahr: 2015

Erscheinungsort: Treuchtlingen, Deutschland

UNTERSUCHUNGEN

ÜBER DIE

SINNESFUNCTIONEN

DER

MENSCHLICHEN HAUT.

ERSTE ABHANDLUNG:

DRUCKEMPFINDUNG UND SCHMERZ

VON

MAX VON FREY.

———

Des XXIII. Bandes der Abhandlungen der mathematisch-physischen Classe
der Königl. Sächsischen Gesellschaft der Wissenschaften

N° III.

MIT 16 TEXTFIGUREN.

UNTERSUCHUNGEN

ÜBER DIE

SINNESFUNCTIONEN

DER

MENSCHLICHEN HAUT.

ERSTE ABHANDLUNG:

DRUCKEMPFINDUNG UND SCHMERZ

VON

MAX VON FREY

AUSSERORDENTLICHEM MITGLIED DER KÖNIGLICH SÄCHSISCHEN GESELLSCHAFT
DER WISSENSCHAFTEN.

MIT 16 TEXTFIGUREN.

INHALTSÜBERSICHT.

Einleitung.

Durch zahlreiche nervöse Einrichtungen ist die Haut im Stande das Bewusstsein von den sie treffenden Einwirkungen zu unterrichten in Gestalt von Empfindungen, welche theils der Haut allein eigenthümlich sind, theils auch von anderen Körpertheilen her ausgelöst werden können. Insoferne als diese Empfindungen für die Orientirung im Raume sowie für die Erkennung gewisser mechanischer Eigenschaften der ihn erfüllenden Körper von Wichtigkeit sind, kann man die Haut ein Sinnesorgan nennen. Es muss indessen erinnert werden, dass diese Bezeichnung hier nicht dieselbe Bedeutung hat wie anderwärts. So ist z. B. der Bau des Auges bis in's Kleinste der erstrebten Sinnesleistung dienstbar gemacht; es besteht überhaupt nur aus den specifischen nervösen Structuren, bezw. aus den diesen zugeordneten Hilfs-, Ernährungs- und Schutzvorrichtungen. In der Haut ist eine solche specialisirte Structur nicht nachweisbar und auch nicht zu erwarten, weil ihr im Haushalt des Körpers noch eine Reihe weiterer wichtiger Functionen zugetheilt sind: sie ist an der Wärmeregulation, an der Aufspeicherung von Reservestoffen betheiligt, sie dient zum Schutz des Körpers gegen mechanische und chemische Schädlichkeiten, sowie in mannigfaltiger Weise zur Einwirkung auf die Aussenwelt. Für die Erfüllung aller dieser Aufgaben müssen aber in der Structur der Haut gewisse Vorbedingungen gegeben sein.

Dieses Nebeneinander der Functionen ist nicht nur potentiell, sondern auch räumlich nachweisbar. Sowie nicht jedes Stück der Haut an der secretorischen Thätigkeit betheiligt ist, so lassen sich die der Haut eigenthümlichen Empfindungen nicht von jedem Flächenelement auslösen, ja sie können auf grösseren Strecken sogar ganz fehlen. Dementsprechend finden sich die nervösen Einrichtungen in

wechselnder Dichte in die Haut eingestreut und durch mehr oder
minder grosse Strecken nicht nervösen Gewebes von einander ge-
trennt. Jede Einwirkung auf die Haut, welche empfunden werden
soll, wird eine grössere oder kleinere Zahl der Nervenenden sammt
den zugehörigen Bahnen in Erregung versetzen müssen. Es stellen
dieselben die kleinsten experimentell nicht weiter zerlegbaren Be-
standtheile des Sinnesapparates der Haut dar, welche als die Sinneseinheiten oder Sinneselemente der Haut bezeichnet werden können.

Eine weitere Schwierigkeit für eine zusammenfassende Betrachtung entsteht dadurch, dass die Hautempfindungen nicht einen ge-
schlossenen Qualitätenkreis bilden, wie dies beispielsweise mit den
Empfindungen aus dem Gebiete des Gesichts- oder Gehörssinnes der
Fall ist, welche bei aller Mannigfaltigkeit doch eine selbständige,
von anderen Empfindungsarten streng geschiedene Gruppe darstellen.
Die Verwandtschaft der Hautempfindungen ist viel lockerer, ja man
kann sagen, dass sie theilweise zu Empfindungen aus dem Körper-
inneren in viel engerer Beziehung stehen, als die oberflächlichen
Empfindungen untereinander.

Es wird sich nicht empfehlen, auf diese Beziehungen näher einzugehen, bevor die einzelnen sinnesphysiologischen Leistungen der
Haut genauer untersucht sind. Die vorliegende Abhandlung setzt
sich die Aufgabe, hierzu einen ersten Beitrag zu liefern, indem sie
die beiden einfachen, durch mechanische Einwirkungen auf die Haut
erweckbaren Empfindungen, Druckempfindung und Schmerz, heraus-
greift. Mittheilungen über weitere hier anschliessende Untersuchungen
sind für die nächste Zeit beabsichtigt.

Innerhalb des gewählten engeren Gebietes ist die Zahl der zu
lösenden Fragen noch immer so gross, dass wichtige Punkte, der
Ortssinn, die Unterschiedsschwellen, das Kitzelgefühl, trotz ihrer nahen
Beziehung zu dem behandelten Gegenstande vorläufig unberücksichtigt
bleiben und auf die Fortsetzung verwiesen werden mussten. Trotzdem wäre mir eine Durchführung der Untersuchungen bis zu dem
hier erreichten Punkte nicht möglich gewesen ohne die freundliche
Mitwirkung, deren ich mich von verschiedenen Seiten zu erfreuen
hatte. Es sei mir gestattet den Herren DDr. BERGER, BRAUN, S. GARTEN,
F. HOFMANN, CH. H. JUDD, meinen Collegen Professor AMBRONN und Dr.
J. GARTEN meine besondere Erkenntlichkeit dafür auszusprechen, dass

sie sich an den Versuchen als Reagenten oder sonstwie helfend be-
theiligten. Insbesondere ist es mir aber ein Bedürfniss, der stetigen
und werthvollen Mitarbeiterschaft meines Freundes Dr. F. Kiesow
dankbarst zu gedenken.

Erster Theil.

Die Druckempfindung.

Erster Abschnitt.

Die Wahrnehmung andauernder Belastungen.

Die nachfolgend beschriebenen Untersuchungen beschäftigen sich
mit den Empfindungen, welche durch geringe Deformationen der Körperoberfläche erzeugt werden. Man nimmt an, dass die Haut an Empfindlichkeit gegen solche Einwirkungen alle anderen Körpertheile über-
trifft; sicherlich ist sie im Stande das Bewusstsein über Tiefe und
Ausbreitung der Deformation mit ziemlicher Genauigkeit zu unterrichten, so dass ein Urtheil über die Natur des geschehenen Eingriffs
möglich wird. Diese Aussagen werden als Leistungen des Drucksinns der Haut betrachtet; sie stellen den wesentlichen Inhalt des
sogenannten passiven Tastens dar.

In dieser Richtung ist vor allem beachtenswerth, dass die Haut
durch ihren Drucksinn andauernde Deformationen als solche erkennen
kann. Sie verhält sich darin ganz anders als der Nerv, bei welchem
langsam ansteigender bezw. andauernder Druck in der Regel nicht
zur Erregung führt. Deformationen, welche gross genug sind den
Nerv leitungsunfähig zu machen, können erregungslos verlaufen, wie
das sogenannte Einschlafen der Glieder beweist.

Es erschien zunächst wünschenswerth das Verhalten der Haut
gegen dauernde Deformationen genauer zu untersuchen, unter Berücksichtigung der kleinsten noch wahrnehmbaren Reize. Zur Erzeu-
gung minimaler Belastungen haben AUBERT und KAMMLER (1) kleine an

Fäden hängende Gewichte auf die Haut herabgelassen. Dieses Verfahren ist mit mehreren Unzuträglichkeiten verknüpft. Das Gewicht wird immer mit einer gewissen Geschwindigkeit auf die Haut treffen, und daher durch seine lebendige Kraft vorübergehend eine Deformation erzeugen, welche grösser ist als der endlichen Ruhelage entspricht. Es ist ferner keine Sicherheit gegeben, dass das Gewicht sofort mit seiner vollen Fläche und nicht mit einer Kante auftrifft. Beide Uebelstände wirken in dem Sinne, die Reizschwelle zu niedrig erscheinen zu lassen. Endlich ist auch das Pendeln der Gewichte störend, wenn bestimmte Hautstellen gereizt werden sollen.

Um diese Nachtheile zu vermeiden und den Gewichten gewissermassen eine Führung zu geben, wurden sie nicht direct auf die Haut gesetzt, sondern an einen Hebel gehängt, der seinerseits durch einen endständig befestigten Stab oder Druckkörper auf die Haut wirkte. In Figur 1 stellt *H* den aus einem dünnen Holzstreifen

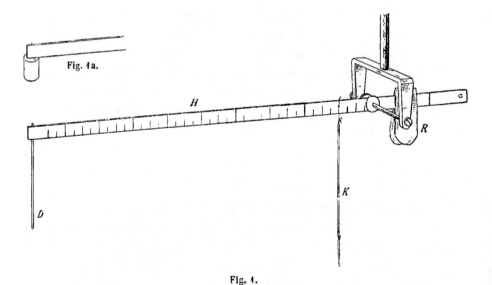

Fig. 1.

geschnittenen sehr leichten doppelarmigen Hebel dar. Derselbe war im unbelasteten Zustande durch den Reiter *R* äquilibrirt und stellte sich von selbst in die Horizontale ein. Die genaue Berührung des Druckstabes *D* mit der Haut wurde vor jeder Belastung in der Weise bewerkstelligt, dass der ganze Hebel, bezw. die Gabel in welcher seine Stahlaxe spielte, durch einen Trieb herabgelassen wurde. Auf

diese Weise konnte die untere ebene und kreisrunde Fläche des
Stabes bis zur völligen Berührung mit der Haut und doch zugleich
so leise und langsam eingestellt werden, dass keine Empfindung auf-
trat. Die benutzten Stäbe hatten Querschnitte von bezw. 1,3 und
2,5 mm². Für die Belastung grösserer Flächen dienten auswechsel-
bare Korkscheiben von 3,8—100 mm², welche, wie Fig. 1ᵃ zeigt, an
Stelle des Stabes befestigt werden konnten. Beim Aufsetzen dieser
Druckkörper auf die Haut lässt sich Temperaturempfindung vermeiden, wenn man die Stäbe aus Holz oder Schilf, die Scheiben aus
Kork fertigt. Die beschriebene Einrichtung hat eine gewisse Aehn-
lichkeit mit den von R. Dohrn (6) und H. Griffing (14 S. 20) zur
Messung von Unterschiedswellen bezw. zu Gewichtsvergleichungen
benützten Verfahren; doch besitzt der Hebel gegenüber der Wage
mehrfache Vortheile.

Soll, wie beabsichtigt, das Aufsetzen der Druckscheibe des
äquilibrirten Hebels unbemerkt bleiben, so muss die zu prüfende
Hautstelle völlig ruhig gehalten werden. Für die nachfolgend beschriebenen Versuche, welche an der Volarseite des Unterarms und
der Hand angestellt wurden, konnte eine sehr vollkommene Fixation
in der Weise erzielt werden, dass die bezeichneten Gliederabschnitte
in eine nach dem Arm des Reagenten gegossene Hohlform aus Gyps
gebettet wurden, welche nur die zu prüfenden Hautstellen frei liess.

Auch bei der Belastung des Hebels mit Gewichten bedarf es
einiger Vorsicht. Durch die Anbringung der Gewichte wird nämlich
nicht nur ein Rotationsmoment erzeugt, sondern auch das Trägheits-
moment des Hebels vergrössert und es besteht die Gefahr, dass der
die Haut berührende Hebel sich unter Schwingungen in die neue
Gleichgewichtslage einstellt. Dabei können vorübergehend Deformationen der Haut entstehen, welche viel bedeutender sind als dem
schliesslichen Gleichgewichtszustande entspricht. Auch bei der Entlastung können Schwingungen des zwar äquilibrirten aber nicht
trägheitslosen Hebels in Frage kommen. Diese Schwingungen lassen
sich vermeiden, wenn man zwischen Hebel und Gewicht einen Kaut-
schukstreifen einschaltet. Man hängt das Gewicht in eine Faden-
schlinge am unteren Ende des Kautschukstreifens Fig. 1 K, und lässt
es auf der Hand langsam nach unten sinken. Dabei nimmt die
Spannung allmählich zu und erreicht schliesslich den vollen Werth

ohne merkliche Schwingungen. Umgekehrt wird bei der Entlastung verfahren. Die Versuchsanordnung bringt es mit sich, dass die Belastung relativ langsam eintritt. Dies ist, wie spätere Versuche zeigen werden, nicht gleichgiltig, wenn es sich um Bestimmung von Belastungsschwellen im engeren Sinne handelt. Hier, wo es auf die Erkennung dauernder Belastung ankommt, ist das Verfahren zulässig.

Bei der Ausführung der Versuche sass der Reagent in bequemer Haltung mit der linken Seite gegen den Tisch, auf welchem Vorderarm und Hand horizontal ausgestreckt in der Gypsform ruhten; die Augen wurden geschlossen gehalten, um die Aufmerksamkeit möglichst auf die untersuchte Hautstelle zu concentriren. Von den auf seiner Haut vorgenommenen Manipulationen war der Reagent nicht unterrichtet; über die begleitenden Empfindungen wurde er befragt, sofern er nicht unaufgefordert berichtete. Die Fragen zielten darauf ab zu erfahren:

Ob die Belastung gefühlt wurde,

ob und wie lange sie als dauernd erkannt wurde,

ob Entlastung wahrgenommen wurde.

Als Beispiele seien zunächst die Versuchstabellen I—III, 8. und 9. August 1895, angeführt. Reagent F., belastete Hautfläche 100 mm²; der Hebel war in diesen drei Versuchen nicht vollständig äquilibrirt, sondern belastete die Fläche mit 5 gr. Aufsetzen des leeren Hebels wurde in der Regel nicht gefühlt, jedenfalls verschwand die Empfindung nach kurzer Zeit. Die angegebenen Belastungen beziehen sich auf die untersuchte Hautfläche und nicht auf die wirkliche Grösse des näher der Axe angehängten Gewichtes. Dauer der Belastung jedesmal 15—20 Secunden. Die Aussagen des Reagenten sind doppelt umrandet.

Versuch I.   1. Phalange des Mittelfingers, Volarseite.

Gewichte	angehängt	verbleibend	weggenommen
17 gr	Schwacher Druck	bleibt	Entlastung deutlich erkannt
33	Stärkerer Druck		
17	Druck wieder schwächer		„
33	Druck so stark w. d. zweitemal		Entlastung
50	Vielleicht etwas stärker		
67	Starker Druck		
83	Starker Druck		„

Versuch II. Volarseite des Handgelenks.

Gewichte	angehängt	verbleibend	weggenommen
17 gr	Schwache Belastung	wird schwächer	Berührung
83	Starker Druck	bleibt	Entlastung
50	Bel. aber schwächer wie vorher		Vielleicht Entlastung
33	Druck wächst wieder		Entl. nicht empfunden
67	Stärkerer Druck	„	Entlastung

Versuch III. Volarseite des Unterarmes, Grenze des mittleren und unteren Drittels.

Gewicht	angehängt	verbleibend	weggenommen
17 gr	Schwacher Druck	Unsicher ob noch da	Stoss, keine Entlastung
33	Etwas stärkerer Druck	Schwächt sich ab	Verstärkt oder Stoss
50	Deutliche Verstärkung	Da, aber weniger deutl.	ebenso
67		bleibt	Berührung
83	„	bleibt	Vielleicht Entlastung

Diese drei Versuche lassen eine Verschiedenheit zwischen der Haut des Fingers und des Unterarms in der Richtung erkennen, dass an letzterem Orte die Entlastung nicht so sicher bezw. gar nicht erkannt wird. Die Unsicherheit wird noch grösser, wenn man die Gewichte längere Zeit verweilen lässt, wie der folgende Versuch zeigt.

Versuch IV. 28. Aug. 95. Reagent J. Volarseite des Handgelenks. Belastete Hautfläche 50 mm². Dauer der Belastung 60 Secunden.

Belastung	angehängt	verbleibend	weggenommen
200 gr	Druck	bleibt	Fraglich ob fort
180	Druck, mittelstark	bleibt	Ebenso, 30 Sec. nach Entlastung ist Reag. sicher, dass Gew. fort
160	Druck	bleibt, nimmt aber allmählich ab, nach 50 Sec. ist Reag. sicher, dass das Gew. fort ist.	Reag. merkt die Entl. nicht
100	Schwächerer Druck	bleibt, nach 45 Sec. giebt Reag. an, dass das Gew. fort ist	
90	Geringer Druck	Druckempf. verschwindet bald	
80	„	Nach 15 Sec. Gew. angeblich fort	

Die erwähnte Unsicherheit lässt sich, obgleich schwieriger, auch für die Fingerhaut constatiren, wenn man die Belastungen bis nahe an die Reizschwelle vermindert, z. B.

Versuch V. 2. Sept. 95. Reagent J. Mittelfinger 1. Phalange. Belastete Fläche 50 mm².

Belastung	aufgelegt	verweilend	weggenommen
stets 7 gr durch 20 Sec.	Druck	bleibt	Fraglich ob noch da
		unsicher ob noch da	Nach einigen Sek. ist Reag. sicher dass das Gew. entfernt ist
	„	ebenso	Fraglich ob noch da

und noch deutlicher in dem folgenden

Versuch VI. Reagent Be. Mittelfinger 1. Phalange, belastete Fläche 3,8 mm².

Belastung	aufgelegt	verweilend	weggenommen
stets 0,4 gr durch 20 Sec.	Druck	nicht bemerkt	nicht bemerkt
			„
			schwächerer Druck
		„	Bewegung
	„	noch da	nicht bemerkt
	nicht bemerkt	nicht bemerkt	
	Druck		
	„	„	„

Diese sowie eine grosse Zahl gleichartiger Versuche, welche demnächst durch Herrn Dr. Kiesow an einem anderen Orte mitgetheilt werden sollen, haben übereinstimmend ergeben:

1. Constante Belastungen können durch längere Zeit, wenn nicht als constante, so doch als andauernde erkannt werden, soferne es sich nicht um kleine, für die geprüfte Hautstelle in der Nähe der Schwelle liegende Gewichte handelt. Bei diesen wird die Empfindung sehr bald nach dem Auflegen des Gewichtes undeutlich oder verschwindet ganz.

2. Auflegen und Abheben der Gewichte wird im Allgemeinen als solches erkannt, doch treten bei der Entlastung falsche Angaben

viel häufiger auf als bei der Belastung. Die beobachteten Täusch-
ungen bewegen sich in drei Richtungen:

    a. die Entlastung wird gar nicht erkannt,

    b. die Entlastung wird unvollständig erkannt,

    c. die Entlastung wird als Belastung wahrgenommen.

        a. Die Entlastung wird gar nicht erkannt.

Dieser Fall tritt hauptsächlich dann ein, wenn die Belastungen
sich in der Nähe der Reizschwelle bewegen. Kurze Zeit nach dem
Auflegen verschwindet dann die Druckempfindung und die Wegnahme
des Gewichtes wird nicht wahrgenommen. Vgl. Versuch VI. Es ist
theoretisch wichtig, dass die Entlastung von einem unmerklich ge-
wordenen Gewichte niemals als Zug wahrgenommen wird.

    b. Die Entlastung wird unvollständig wahrgenommen.

Diese Täuschung tritt im Gegensatz zu der unter a. angeführten
bei grösseren Belastungen auf. In den mir vorliegenden Aufzeichnungen finden sich bei Wegnahme grösserer Gewichte folgende Aussagen der Reagenten: „Allmähliche Entlastung, theilweise Entlastung,
Entlastung aber immer noch Druck" u. dgl. mehr. Eine nach 10
bis 20 Secunden wieder eintretende Belastung wird als „Zuwachs
oder Verstärkung des Druckes", wie z. B. in Versuch III. bezeichnet.
Uebrigens kommt es unter diesen Umständen auch vor, dass die
Wegnahme gar nicht bemerkt wird und die Empfindung des vollen
Druckes, nur ganz allmählich abnehmend, den Reiz für längere oder
kürzere Zeit überdauert, wofür die Versuche II—IV. Beispiele bieten.

    Auf dieser Thatsache beruht ein beliebter Vexirversuch. Drückt
man einen harten flachen Gegenstand, z. B. ein Geldstück, durch
einige Zeit auf die Stirn, so wird es, behutsam weggenommen, noch
einige Zeit gefühlt und ein nicht Gewitzigter lässt sich leicht ver-
leiten, die scheinbar anklebende Münze durch Stirnrunzeln zum
Abfallen bringen zu wollen. In dieser Form angestellt ist der Versuch für den vorliegenden Zweck allerdings nicht rein, da auch Temperaturreize eine langdauernde Nachempfindung herbeiführen können.
Der Versuch mit den thermisch nicht wirksamen Druckkörpern aus
Holz oder Kork zeigt, dass die Nachdauer auch für die Druckempfindung vorhanden ist.

    Nun ist bekannt, dass ein längere Zeit dauernder, nicht zu

schwacher Druck auf der Haut ein Abbild des drückenden Körpers hinterlässt oder ein Druckbild, wie man es nennen könnte. Es ist wahrscheinlich, dass es dieses Druckbild ist, welches nach dem Aufhören des Reizes noch gefühlt wird und die Fortdauer der ganzen oder eines Theiles der Belastung vortäuscht. Diese Annahme schliesst selbstverständlich nicht aus, dass der mit der Druckempfindung einhergehende nervöse Vorgang an sich schon mit einer gewissen Nachwirkung verknüpft ist. Dieselbe kommt aber für die hier besprochene Täuschung, welche sich auf viele Secunden ja Minuten erstrecken kann, nicht in Betracht. Wenn man berücksichtigt, dass gerade der Drucksinn zur Wahrnehmung oscillirender Reize in besonders hohem Grade befähigt ist (wovon später noch die Rede sein wird), so muss seinen Apparaten eine hohe Beweglichkeit und eine gegen die erwähnten Zeiten verschwindende Nachdauer der Erregung zu eigen sein.

Für die Anschauung, dass die lange Nachwirkung eines stärkeren Druckreizes auf der Langsamkeit beruht, mit welcher die Haut erlittene Deformationen wieder ausgleicht, lassen sich mehrere Beobachtungen anführen.

Zunächst ist das deutliche Auftreten der Nachwirkung (wie natürlich auch des Druckbildes) abhängig von der Dauer der Belastung. Belastet man z. B. eine Hautfläche von 100 mm² des Unterarms durch 20 Secunden mit einem Gewichte von 33 gr, so lässt sich unter den oben aufgezählten Cautelen das Gewicht abheben, ohne dass der Reagent es gewahr wird. Dauerte dagegen die Belastung nur eine Secunde, so wird die Entfernung immer bemerkt.

Eine andere hierher gehörige Beobachtung, welche ich Herrn KIESOW verdanke, betrifft die Reihenfolge, in welcher wechselnde Gewichte auf die Haut gesetzt werden und besagt, dass für ein gegebenes Gewicht die Fortdauer der Belastung um so leichter vorgetäuscht wird, je grössere Gewichte der gewählten Hautstelle vorher aufgelegen hatten, je grösser also die Deformation war, mit der die Hautstelle in den Versuch eintrat. Dem Einwand, dass die von den stärkeren Reizen zurückbleibende Ermüdung die Wahrnehmung der Entlastung verhindert, lässt sich leicht dadurch begegnen, dass zwischen die einzelnen Belastungen Pausen eingeschoben werden, welche zwar die Erholung des nervösen Apparates, nicht aber den

Ausgleich der gesetzten Deformation erlauben. Die jedesmal sehr präcisen Angaben über die neu eintretenden Belastungen schliessen erhebliche Ermüdungszustände aus.

Eine weitere hieher gehörige Erscheinung betrifft die ungleiche Befähigung verschiedener Hautstellen, die beschriebene Täuschung zu erzeugen. Wie die mitgetheilten Versuche lehren, sind die Volarflächen der Finger und der Hand dazu wenig geeignet, dagegen tritt sie auf den übrigen Flächen des Armes sehr leicht ein. Entsprechend diesem Verhalten kehren die zuerst genannten Flächen nach Aufhören der deformirenden Einwirkung rascher in ihre ursprüngliche Gestalt zurück. Es scheint, dass in Folge der derberen Structur der Tastflächen die Gewebsflüssigkeit weniger leicht dislocirt oder aber sehr rasch wieder erneuert wird. Vielleicht kommt hier der auffallende Reichthum an Blutgefässen in Betracht, durch den nach Spalteholz (27) die haarlosen Tastflächen der Hand und des Fusses sich auszeichnen. Jedenfalls ist beachtenswerth, dass gerade die Tastflächen den übrigen Hautbezirken nicht nur in der Wahrnehmung des Eintrittes, sondern insbesondere auch der Dauer und des Aufhörens einer Belastung überlegen sind.

c. Die Entlastung wird als Belastung wahrgenommen.

Diese Täuschung kann in allen jenen Fällen eintreten, in welchen die Erkennung der Entlastung aus den früher angegebenen Gründen verhindert oder erschwert ist. Eine bestimmte Gesetzmässigkeit in ihrem Auftreten ist aber nicht zu bemerken und es ist mir wahrscheinlich, dass sie in einem Fehler in der Ausführung der Versuche begründet ist. Wird nämlich das Gewicht rasch von dem Hebel abgehoben, so wird der Hebel von der sich ausdehnenden Hautstelle emporgeschleudert, schwingt aber sofort wieder zurück und verursacht eine neue Deformation der Haut, welche als Belastung imponirt. Zuweilen wird diese Erschütterung geradezu als solche gefühlt und es finden sich dann in den Aufzeichnungen für den Moment der Entlastung die Angaben: »Berührung, Stoss, Bewegung, Veränderung, Verschiebung, Erschütterung«, manchmal mit dem Zusatze »vielleicht Entlastung« oder »ungewiss ob Zu- oder Abnahme«. Die Richtigkeit dieser Erklärung wird dadurch bewiesen, dass bei der Wiederholung dieser Versuche mit der sogleich zu beschreibenden trägheitsfreieren Schwellenwage der Irrthum kaum noch zur Beobachtung kam.

Es giebt also zwei wohl zu unterscheidende Fälle, in welchen die Erkennung einer Entlastung verhindert oder erschwert ist. Der erste Fall bezieht sich auf Belastungen, welche der Reizschwelle nahe liegen und kurze Zeit nach dem Auflegen nicht mehr gefühlt werden. Dieser Fall gilt für alle mit Drucksinn begabten Flächen ohne Ausnahme. Der zweite Fall bezieht sich auf Belastungen, welche so gross sind, so lange einwirken, oder denen solche Belastungen voraufgegangen sind, dass eine länger dauernde Deformation, ein Druckbild auf der Haut entsteht. Dieser Fall gilt hauptsächlich für jene Hautflächen, auf welchen leicht Druckbilder erzeugt werden, also nicht oder nur in sehr beschränktem Maasse für die eigentlichen Tastflächen.

Der aus den mitgetheilten Versuchen abzuleitende Satz, dass die Entlastungsschwelle stets höher liegt als die Belastungsschwelle, gilt, wie ich mich durch besondere Versuche überzeugte, auch für Unterschiedsschwellen. In dieser Anwendung wird ihm allerdings durch ältere Beobachtungen scheinbar widersprochen. R. DOHRN (6) belastete die zu prüfende Hautstelle in einer Ausdehnung von einigen Quadratmillimetern durch ein constantes Ausgangsgewicht von 1 g und bestimmte, wieviel Gewicht zugesetzt oder weggenommen werden musste, damit ein Unterschied in der Belastung fühlbar wurde. Ich entnehme seiner Tabelle der Mittelwerthe (Tab. IV. S. 362/63) folgende Zahlen, aus welchen hervorgeht, dass das abzuhebende Gewicht A stets kleiner war als das zuzusetzende Gewicht Z:

	Abgebobenes Gewicht	Zugelegtes Gewicht	
	A	Z	D
3. Phalanx.	0.294	0.465	0.317
2. Phalanx.	0.355	0.631	0.387
1. Phalanx.	0.480	0.682	0.405
Vola der Finger	0.358	0.526	0.345
Dorsum der Finger.	0.398	0.653	0.395
Daumen	0.412	0.487	0.328
Handrücken	0.714	0.992	0.489
Vorderarm .	0.857	1.904	0.655

Es wurde z. B. auf dem Handrücken ein Druckzuwachs verspürt, wenn die Belastung im Mittel von 1 g auf 1.992 g erhöht, eine Druckabnahme, wenn sie von 1 g auf $1 - 0.714 = 0.286$ g vermindert wurde. Nimmt man an, dass für die in sehr engen Grenzen sich bewegenden Belastungsänderungen das Weber'sche Gesetz gültig ist (Weber's Versuche mit Belastung der ruhenden Haut sind bisher noch niemals genügend nachgeprüft worden), so würden 2 Gewichte dann als eben merklich verschieden erkannt werden, wenn ihr Quotient einen bestimmten, von den speciellen Versuchsbedingungen abhängigen constanten Werth darstellt. Nun verhält sich

$$0.511 : 1 = 1 : 1.992.$$

Stellt also die Gewichtsvermehrung von 1 auf 1.992 einen eben merklichen Reizzuwachs dar, so ist nach dem Weber'schen Gesetz dasselbe auch von einer Gewichtsvermehrung von 0.511 auf 1 zu erwarten. Dieser letztere Zusatz $D = 1 - 0.511 = 0.489$ ist im dritten mit D überschriebenen Stab der Tabelle eingetragen und ebenso bedeuten die übrigen Zahlen dieses Stabes die Differenzen zwischen 1 g und einem Ausgangsgewicht $Q = 1 - D$, welches sich zu 1 gerade so verhält wie 1 zu $1 + Z$. Was den Handrücken betrifft, so ist die durch den Versuch gefundene eben merkliche mittlere Entlastung $= 0.714$ wesentlich grösser als die auf Grund des Weber'schen Gesetzes berechnete 0.489, woraus folgt, dass die Entlastungsschwelle höher ist als die aus der Annahme berechnete Belastungsschwelle. Besser stimmen die berechneten und gefundenen Entlastungen für die Fingerhaut überein, für welche nach meinen Versuchen die Entlastungsschwelle nur wenig höher ist als die Belastungsschwelle. Die Versuche Dohrn's stehen also, soweit vergleichbar, nicht im Widerspruch mit den meinigen.

Ueberblickt man die im ersten Abschnitt beschriebenen Versuche, so lehren sie, dass die Druckempfindung im Allgemeinen mit den durch äussere Einwirkungen auf der Haut gesetzten Deformationen auf's Engste zusammenhängt. Die Bedeutung dieses Factors zeigt sich namentlich darin, dass die Druckempfindung fortdauert, wenn der Reiz ein Druckbild hinterlässt. Da hier von einer Erhöhung des Gewebsdruckes nicht mehr die Rede sein kann, so scheint es die Dislocation der Gewebsflüssigkeit in erster Linie zu sein, von der die

Intensität der Empfindung abhängt. Wenn trotzdem ein durch längere Zeit anhaltender Druck unter Umständen nicht mehr gefühlt wird, so steht dies mit der eben ausgesprochenen Folgerung nicht im Widerspruch. Denn es ist eine Eigenthümlichkeit aller nervösen Gebilde, dass die durch einen constanten Reiz bewirkte Erregung sehr bald an Intensität einbüsst und früher oder später auf den Werth Null herabsinkt.

Zweiter Abschnitt.

Schwellenbestimmungen an makroskopischen Flächen, Versuche mit der Schwellenwage.

Die bisher mitgetheilten Versuche genügen nicht zu einem Einblick in die Bedingungen, von welchen das Zustandekommen und die Intensität einer Druckempfindung abhängt. Der Werth der Reizschwelle zeigt sich nämlich nicht nur von dem deformirenden Gewicht abhängig, sondern auch von der Grösse der getroffenen Fläche, von der gewählten Hautstelle und endlich von der Geschwindigkeit, mit welcher die Deformation erzeugt wird. Was den letzten Punkt betrifft, so lässt sich seine Bedeutung nicht etwa in der Weise demonstriren, dass man das Gewicht verschieden rasch auf die Haut herablässt. Denn je grösser die Geschwindigkeit, bzw. die lebendige Kraft ist, mit der das Gewicht auf die Haut trifft, desto tiefer wird es über die schliessliche Gleichgewichtslage hinaus in die Haut eindringen; mit anderen Worten, es wird mit der Geschwindigkeit auch die Deformation wachsen, woraus sich die stärkere Erregung des Drucksinns genügend erklärt. In diesem Sinne ist also die Angabe von Dohrn (6 S. 366) und Griffing (14 S. 54) zu verstehen, dass rasch aufgesetzte Gewichte stärker wirken. Herr Dr. Kiesow hat bei Gelegenheit der im ersten Abschnitt beschriebenen Versuche diesem Bedenken Rechnung zu tragen versucht. Da die Belastungen, wie erwähnt, nicht direct, sondern durch Vermittlung eines Kautschukfadens an den Druckhebel gehängt wurden, so war es möglich, sie mit verschiedener Geschwindigkeit herabzulassen, aber ohne merkliche Ueberschreitung der schliesslichen Gleichgewichtslage, die sich durch

Hüpfen des freigelassenen Gewichtes an seinem Kautschukfaden ver-
rathen hätte. Hierbei zeigten sich die rasch ausgeführten Deformationen zweifellos stärker erregend, woraus sich die Nothwendigkeit
ergab, bei Schwellenbestimmungen auf diese Variable Rücksicht zu
nehmen.

Eine Bestimmung von Druckschwellen, welche sich die Gewin-
nung allgemein gültiger Werthe zur Aufgabe setzt, hat daher die
Berücksichtigung bezw. Messung folgender Werthe anzustreben:

> Grösse der Belastung,
> Geschwindigkeit der Belastung,
> Grösse der belasteten Fläche,
> Ort der Reizung.

Diesen Anforderungen genügte der in Figur 2 a. f. S. abgebildete
Apparat, den ich als Schwellenwage bezeichnen werde. Derselbe besteht im Wesentlichen aus zwei um parallele Axen drehbaren
und durch ein Stück Uhrfeder mit einander verkuppelten Hebeln.
Der untere Hebel H_1 um die Axe A_1 drehbar, besteht aus einem
dünnen, gegen das Ende sich zuschärfenden, $8\frac{1}{4}$ cm langen Holzstreifen, von dem ein kurzer stumpfer Holzstift St nach unten vor-
ragt. Durch die Mutter M_1 kann der auf die Axe gesteckte Hebel
sowie das untere Ende der Uhrfeder in beliebig gewählter Lage
auf der Axe festgeklemmt werden. Der obere zweiarmige Hebel H_2
besteht aus einem vierkantigen Holzstäbchen, welches durch die
Mutter M_2 auf der Axe A_2, ebenfalls in beliebiger Lage, festzuklemmen
ist. Der kürzere Arm von H_2 ragt nach der Seite von H_1 heraus
und lehnt sich gegen das untere Ende der Stellschraube S. Auf
der Axe A_2 ist ferner aufgesteckt und unverrückbar befestigt die
kleine Zwinge Z für das obere Ende der Uhrfeder, endlich der
Korkstreifen K mit einer auf starkes Papier gedruckten, 50 Winkel-
grade umfassenden Theilung.

Die beiden Axen A_1 und A_2 laufen in Spitzen innerhalb einer
Gabel, deren Träger T durch eine Universalklemme gesteckt ist und
nach Lösung nur einer Schraube um jede beliebige Axe gedreht,
auch nach oben oder unten verstellt werden kann. Auf diesem
Wege wird die grobe Einstellung der Schwellenwage bewerkstelligt,
während die feine Einstellung durch die Mutter M_3 geschieht.

Da die kuppelnde Uhrfeder den beiden Hebeln, sobald sie einmal auf ihren Axen festgeklemmt sind, eine unveränderliche Neigung
gegen einander als Ruhelage anweist, so entspricht jeder Aenderung

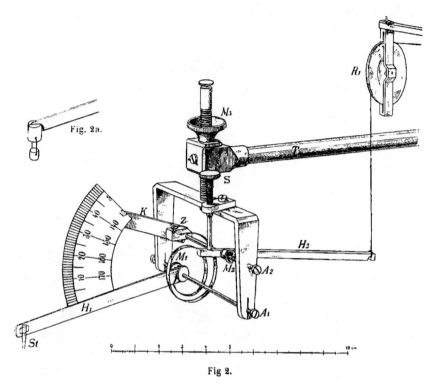

Fig 2.

des Neigungswinkels eine bestimmte Spannung der Uhrfeder, welche
auf der Wage gemessen werden kann. Hierzu wird der Stift des
unteren Hebels unter Drehung der Mutter M_3 mit der Schale einer
chemischen Wage in Berührung gebracht, hierauf der kurze Arm des
oberen Hebels vermittelst der Stellschraube S niedergeschraubt und
damit gegen den unteren Hebel um einen abzulesenden Winkelwerth
gedreht. Die dem Drehungswinkel entsprechende Spannung der Uhrfeder wird dann ausgewogen. Noch rascher kommt man zum Ziele,
wenn man den Winkelwerth eines gegebenen Gewichtes bestimmt.
Man stellt hierzu wie früher den unteren Hebel zur Berührung mit
der Wagschale ein, legt auf die andere Wagschale das Gewicht, löst
die Arretirung und schraubt den kurzen Arm des oberen Hebels
unter Drehung von S so lange nieder, bis die Zunge der Wage auf
Null einspielt.

Die mit der oberen Axe A_2 verbundene Kreistheilung ist so orientirt, dass ihr Mittelpunkt in die Axe A_1 fällt. Wird der obere Hebel und mit ihm die Kreistheilung gegen den unteren gedreht, so rückt ihr Mittelpunkt aus A_1 nach rückwärts heraus. Dies würde natürlich bei grossen Drehungen eine beträchtliche Differenz zwischen dem abgelesenen und dem wirklichen Neigungswinkel beider Hebel zur Folge haben. Bei Drehungen bis zu 20^0 fallen aber die Abweichungen unter den Werth der Ablesungsfehler und können vernachlässigt werden. Die bei den Versuchen benutzten Drehungen sind in der Regel kleiner als 20^0; nur ganz ausnahmsweise wurde dieser Werth erreicht oder um weniges überschritten. Für diese Drehungen ergab die Aichung auf der Wage Spannungen, welche den Winkeln proportional waren.

Dass es zweckmässig ist die Neigung der beiden Hebel gegeneinander und nicht etwa nur die Drehung des oberen Hebels um seine Axe zu messen, ergiebt sich aus der Ueberlegung, dass im ersteren Falle der abgelesene Winkelwerth auch dann ohne weiteres auf den ausgewogenen Spannungswerth bezogen werden darf, wenn der Stift des unteren Hebels in das nachgiebige Gewebe einsinkt.

Zur möglichsten Variation der Spannungen innerhalb des zulässigen Umfanges der Drehungen wurden verschieden starke Uhrfedern in den Apparat eingesetzt. Zu den Versuchen dienten 6 solcher Federn, welche bei Drehungen um bezw. 2.3, 4, 5, 6, 12.5 und 30^0 die Spannung von 1 g entwickelten.

Die Deformation der Haut wurde bewirkt durch kleine kreisrunde Scheibchen von ausgemessener Fläche, welche entweder aus weissem Carton verschiedener Stärke gestanzt oder aus Korkplatten mit scharfen Korkbohrern geschnitten waren. Zur Verwendung kamen:

Cartonscheiben von 3.5, 8.0, 12.6 und 19.6 mm^2 Fläche und Gewichten zwischen 1 und 9 Milligramm;

Korkscheiben von 10.7 und 21.2 mm^2 Fläche und bezw. 9 und 12 Milligramm Gewicht.

Belastung beliebiger Hautstellen mit diesen Scheiben wurde nirgends dauernd empfunden, das Aufsetzen selbst, wenn vorsichtig ausgeführt, blieb ebenfalls unbemerkt. Bei den ersten Versuchen wurde auf die Vermeidung jeder vorgängigen Reizung der zu prüfenden Hautstellen grosse Sorgfalt verwendet. Es wurden daher ursprünglich nur die Korkscheiben benutzt, und dieselben vermittelst eines dünnsten Seidenfadens an den unteren Hebel gehängt, dessen Ende, wie Figur 2ᵃ zeigt, statt des Stiftes ein kleines Korkkissen trug. Liess man durch Drehung der Mutter M_3 die Schwellenwage herab, so legte sich zuerst die Korkscheibe auf die gewählte Hautstelle, der Seidenfaden erschlaffte und endlich trat das Kissen mit der Scheibe in Berührung, alles ohne die leiseste Empfindung von Seiten des Reägenten. Später stellte sich heraus, dass das Auflegen der Cartonscheiben mit der Pincette und die dabei eventuell auftretende flüchtige Berührungsempfindung für den Erfolg des Versuchs ohne jede Bedeutung war. Es wurden daher zuletzt ausschliesslich die Cartonscheiben gebraucht, welche bei sehr kleiner Fläche noch vollkommen eben und kreisrund herzustellen und leicht auszuwechseln sind, sich der Haut völlig flach anlegen und von den in Betracht kommenden Kräften nicht durchgebogen werden. Auf den Mittelpunkt der in richtiger Weise auf die Haut gelegten Cartonscheibe wurde dann der Stift der Schwellenwage herabgelassen.

Es ist nicht gerathen, die Scheiben an dem unteren Hebel zu befestigen, weil es trotz der sehr freien Verstellbarkeit der Schwellenwage kaum möglich ist, die Scheibe mit der Haut in genügend gleichmässige Berührung zu bringen.

Soweit bis jetzt beschrieben, genügt der Apparat, um den Ort, die Stärke und die Flächenausdehnung des Reizes zu variiren. Um auch die Geschwindigkeit der gesetzten Deformation innerhalb gewisser Grenzen messbar verändern zu können, war die Anordnung getroffen, dass der lange Arm des oberen Hebels H_2 Fig. 2 von der Trommel eines BALTZAR'schen Uhrwerkes eine Strecke weit mitgenommen wurde. Die hierzu benutzte einfache Einrichtung ist in Fig. 3 von oben gesehen schematisch dargestellt. T ist die Trommel des Uhrwerkes U, D ein auf dem oberen Rande der Trommel festgeschraubter Daumen, L eine aus polirtem hartem Holz gefertigte um die verticale Axe P drehbare leichte Leiste, welche von dem Daumen der Trommel ein Stück weit mitgeführt wird. An der Leiste L ist der Faden F_1 befestigt, welcher zuerst ein Stück horizontal läuft, dann durch die kleine, sehr leicht spielende Rolle R_2 nach oben, durch eine gleiche Rolle R_1 wieder nach abwärts geführt wird, wo er an den oberen Hebel H_2 der Schwellenwage geknüpft ist. Vgl. auch Fig. 2. Indem also der Daumen *D* die Leiste *L* zur Seite schiebt, zieht der Faden F_1 den oberen Hebel der Schwellen-wage empor, wodurch die Spitze des unteren Hebels auf die Haut gedrückt wird. Sobald der Daumen die Leiste frei lässt, würde

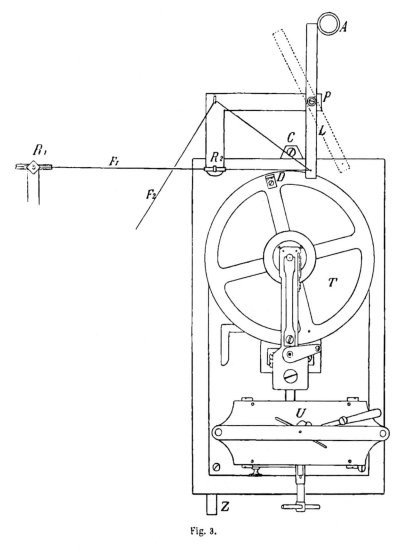

Fig. 3.

durch die gespannte Uhrfeder das System zurückschnellen, gegen die Stellschraube *S* stossen und unter mehr oder minder heftiger Er-schütterung zur Ruhe kommen. Um die dabei auftretenden zur Bestimmung von Schwellenwerthen nicht brauchbaren Erregungen zu vermeiden, wird die als Axe dienende Schraube P gerade soviel angezogen, dass die Leiste L durch Reibung festgehalten wird. Da in den Versuchen die Spannung der Uhrfeder niemals über 4 oder 5 g hinausging, so genügte zur Verhinderung des Zurückschnellens ein sehr geringer Grad von Reibung, durch welchen der Gang des Uhrwerkes nur wenig Hemmung erfuhr. Man vergleiche weiter unten.

Denkt man sich die Schwellenwage in der früher erörterten Weise mit der Haut in Berührung gebracht und die Trommel in Gang gesetzt, so verläuft die auf der Haut gesetzte Deformation nach dem Schema ___/‾ d. h. sie steigt von einem Null nahezu gleichen Werthe annähernd geradlinig auf zu einem wiederum constanten von Null verschiedenen Werthe. Die Schnelligkeit oder Steilheit des Anstieges hängt ab von der Geschwindigkeit des Trommellaufes, welcher an dem BALTZAR'schen Uhrwerk in bekannter Weise durch die Frictionsscheibe verändert werden kann. Um auch den schliesslich erreichten constanten Deformationswerth beliebig wählen zu können, braucht man nur dafür zu sorgen, dass die Leiste L verschieden lange von dem Daumen D mitgeführt wird. Zu dem Ende wurde das ganze Uhrwerk auf ein paraffinirtes Brett gesetzt, welches sich um die verticale in den Arbeitstisch eingelassene Axe C drehte. Durch einen langen, an dem Zapfen Z angreifenden Steuerungshebel kann die Verstellung leicht und erschütterungsfrei erfolgen.

Durch die eben beschriebene Anordnung lässt sich der maximale Reizwerth in sehr ausgiebiger Weise verändern. Die Ausschläge der Schwellenwage bewegten sich von Bruchtheilen eines Grades bis zu den grössten oben noch als zulässig bezeichneten Winkelwerthen. Da das System nach Abgleiten des Daumens in der neuen Lage stehen blieb, so konnte der Beobachter die Winkelablesung bequem ausführen, worauf er durch Zug an einem zweiten an L befestigten Faden F_2 die Leiste in ihre durch den Anschlag A gegebene Ausgangslage zurückbrachte.

Wie ersichtlich, ist die Einrichtung nur für die Messung von Belastungsschwellen bestimmt; die Entlastung, welche mit der Hand ausgeführt wurde, ist zwar ihrer Grösse, nicht aber ihrer Geschwindigkeit nach bekannt. Durch eine geeignete Modification liesse sich die Schwellenwage auch für diese Aufgabe einrichten. Da indessen die Wahrnehmung der Entlastung stärkere, deutlich über der Schwelle liegende Belastungen voraussetzt, die beiden Aufgaben also kaum gleichzeitig in Bearbeitung genommen werden können, die Entlastungsschwellen ausserdem, wie oben angedeutet, in recht verwickelter Weise von dem Reizverfahren abhängen, so ist auf ihre Untersuchung vorläufig verzichtet worden.

Es ist ersichtlich, dass die Schnelligkeit, mit der die Belastung einer gewählten Hautstelle wächst, ausser von der Rotationsgeschwindigkeit des Uhrwerks auch von dem Widerstande abhängt, den die Uhrfeder für einen gegebenen Ausschlag der Schwellenwage entwickelt. Die Uhrfedern waren, wie mitgetheilt, so gewählt, dass die schwächste zu der stärksten sich verhielt wie 1 : 13. Die Rotationsgeschwindigkeiten, welche zur Verwendung kamen, lagen zwischen den Grenzen 4.2 und 37.5° pro Secunde, d. h. die minimale verhielt sich zur maximalen fast genau wie 1 : 9. Man erhielt daher die geringste Steilheit des Spannungsanstieges, nämlich den Werth 0.14 gr/sec. durch Combination der schwächsten Feder mit der langsamsten Umdrehung; im entgegengesetzten Falle den höchsten Steilheitswerth von 16.3 gr/sec. Diese Werthe verhalten sich zu einander wie 1 : 116.

Die Auswerthung der Steilheiten geschah in der Weise, dass die Schwellenwage wie bei einer Schwellenbestimmung in Gang gesetzt wurde, der untere Hebel aber nicht auf der Haut, sondern auf einer Glasplatte aufruhte, während der obere Hebel durch einen Schreibstift verlängert die ihm vom Trommeluhrwerk ertheilten Drehungen auf dem berussten Papier eines zweiten Kymographions verzeichnete. Fig. 4 zeigt drei solcher Curven, welche der kleinsten, mittleren und grössten Rotationsgeschwindigkeit der Trommel entsprechen und die Steilheiten angeben, mit welchen die Schwellenwage den Ausschlag von 7 Grad oder die Spannung von 0.56 g (Uhrfeder 12.5 °/g) in den drei Fällen erreicht. Jede Stimmgabelschwingung entspricht 0.018 Secunde. Man sieht, dass bei dem langsamsten Gang die Trommel etwas zurückgehalten wird und erst nach 0.8 Sec. (oder einem Ausschlag von 2.9°) mit constanter Geschwindigkeit weiter geht. Anderseits vollführt die Schwellenwage bei der grössten Geschwindigkeit kleine Eigenschwingungen, welche den anfänglichen Anstieg nicht streng geradlinig machen und eine kleine Ueberschreitung der endlichen Gleichgewichtslage um nicht

ganz einen halben Grad bedingen. Daraus folgt, dass für diese
extremen Geschwindigkeiten kleine Ausschläge zu vermeiden sind,
bezw. dass die minimalen und maximalen Belastungssteilheiten besser

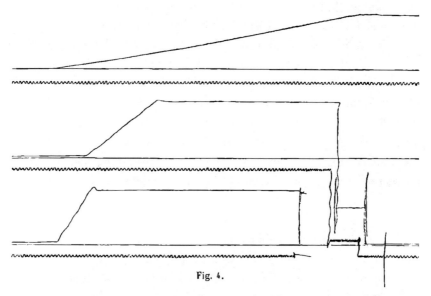

Fig. 4.

Die Curven, insbesondere die der Stimmgabel sind mangelhaft nachgezeichnet.

durch Wahl geeigneter Uhrfedern als durch die extremen Rotationsgeschwindigkeiten des Uhrwerks erzielt werden.

Den mit der beschriebenen Schwellenwage auszuführenden
Versuchen waren drei Aufgaben gestellt. Es sollte bestimmt werden
die Abhängigkeit der Belastungsschwelle

    1. von der Spannungssteilheit,

    2. von der Grösse der getroffenen Hautfläche,

    3. von der gereizten Oertlichkeit.

Die Versuche wurden sämmtlich an der Vola manus sowie an
der Beugeseite des Handgelenks, d. h. an unbehaarten Körperstellen
ausgeführt. Die Beschränkung auf die genannten Gebiete hat sich
für's erste als nothwendig herausgestellt, weil durch die Anwesenheit
der Haare, selbst wenn sie rasirt sind, ganz uncontrollirbare Fehlerquellen in die Versuchsanordnung eingehen. Aus später zu erwäh-
nenden Beobachtungen ist indessen der Schluss berechtigt, dass die
für die Hand gefundenen Sätze im Wesentlichen auch für die behaarten Körperflächen gelten.

Was die sonstige Technik der Versuche betrifft, so versteht es sich von selbst, dass für bequeme Haltung des Reagirenden und Fixirung des Arms in der Gypsform Sorge getragen wurde. Ermüdung kann sich bei den Versuchen in doppelter Weise störend bemerklich machen: Erstens kann durch häufige Wiederholung des Reizes an einer Stelle deren Empfindlichkeit abgestumpft und ein Steigen der Schwellenwerthe veranlasst werden. Für die beschriebene Versuchsanordnung mit nur einmaliger minimaler Reizung während eines Trommelumganges, d. h. mit Intervallen von längstens 67 und kürzestens 7.5 Secunden, kommt diese Gefahr wohl kaum in Betracht. Richtig angestellte Versuche zeigen sogar unter diesen Bedingungen häufig eine Abnahme des Schwellenwerthes im Laufe des Versuchs, wovon unten noch die Rede sein wird. Viel gefährlicher ist die Ermüdung, welche aus der Anspannung der Aufmerksamkeit und der erzwungenen Körperhaltung entsteht. Wie bequem man letztere auch zu Anfang finden mag, und wie sicher der Arm durch die Gypsform fixirt erscheint, so entsteht doch bald aus der erzwungenen Lage ein wachsendes Unbehagen, im Arme stellen sich spannende und kriebelnde Gefühle ein und es bedarf immer grösserer Willensanstrengung, um die Ruhe aufrecht zu erhalten. Ist es einmal so weit, so ist eine Fortsetzung des Versuchs völlig zwecklos. Die subjectiven Empfindungen von Seiten der Haut fesseln die Aufmerksamkeit, es kommt zu Verwechslungen mit dem künstlich gesetzten Reiz und die Angaben werden schwankend und unsicher. Hier hilft nur Unterbrechung des Versuchs bezw. Wechsel der Rollen zwischen Reagent und Beobachter. Es ergibt sich daraus die Regel, den einzelnen Versuch nicht lange auszudehnen und für die Schwellenbestimmung ein rasch förderndes Verfahren zu wählen. Es empfiehlt sich daher, den gesuchten Werth durch Annäherung von beiden Seiten her einzuengen, d. h. durch alternirende Verwendung unter- und überschwelliger Reize. Unnöthige Anspannung der Aufmerksamkeit wurde dadurch vermieden, dass der Reagent kurz vor dem Einsetzen des Reizes durch ein »Jetzt« benachrichtigt, bei sehr langsamer Drehung der Trommel durch die Ankündigungen »halbe«, »dreiviertel« auch von dem Ablauf der Pause unterrichtet wurde. Sonstige Störungen, Unruhe im Versuchsraum, Anwesenheit dritter Personen u. s. w. sind möglichst fern zu halten, wenn zuverlässige Resultate erhalten werden sollen. Einige weitere Vorsichtsmassregeln, die zu berücksichtigen sind, können erst bei der Mittheilung der Resultate besprochen werden. Die Versuche sind vorläufig nur soweit durchgeführt worden, als zur Feststellung der wesentlichen Bedingungen und Ergebnisse nöthig erschien. Ausführlichere Versuchsreihen werden durch Herrn Dr. KIESOW an einem anderen Orte veröffentlicht werden.

1. Die Abhängigkeit der Belastungsschwelle von der Belastungs-
geschwindigkeit.

Zur Feststellung dieser Abhängigkeit wurden bei unveränderter Grösse und Lage der drückenden Fläche für eine Stufenfolge von Geschwindigkeiten die Belastungen bezw. die Spannungen der Schwellen-wage gesucht, welche eben bemerkt wurden. Die Belastungsschwelle nimmt stets mit wachsender Steilheit ab; die nähere Form der Ab-hängigkeit wird am besten aus einer graphischen Darstellung einiger

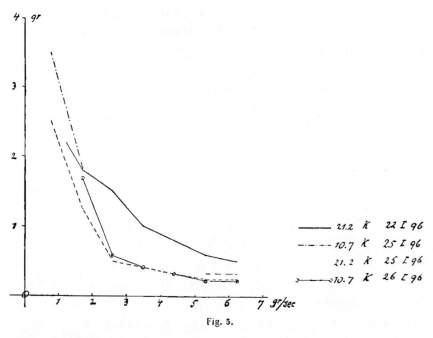

Fig. 5.

Versuchsergebnisse zu erkennen sein, wie es in Fig. 5 für die Ver-suche vom 22., 25., und 26. Januar 96 geschehen ist. In derselben bedeuten die Abscissen Belastungs- oder Spannungsgeschwindigkeiten, die Ordinaten Schwellenwerthe in Gewichten. Die zugehörigen Zahlen sind:

Belastungs-Geschwindig-keit in gr/sec.	Belastungsschwellen			
	21.2 mm² K 22. I. 96	10.7 mm² K 25. I. 96	21.2 mm² K 25. I. 96	10.7 mm² K 26. I. 96
0.75		3.50	2.50	
1.2	2.2			
1.7	1.8	1.83	1.25	1.67
2.6	1.5		0.50	0.58
3.5	1.0		0.41	0.41
4.4	0.8		0.33	0.33
5.3	0.6	0.33	0.25	0.23
6.25	0.5	0.33	0.25	0.23

Der erste und dritte Versuch beziehen sich auf eine Fläche von 21,2 mm², der zweite und vierte auf eine Fläche von 10,7 mm²; alle auf dem Daumenballen der linken Hand des Reagenten K.

Die Figur lässt erkennen, dass die Curven das Bestreben haben, sich für sehr kleine Werthe der Belastungsgeschwindigkeit der Ordinatenaxe, für grosse Werthe einer der Abscissenaxe parallelen Linie asymptotisch zu nähern. Wächst also die Belastung von Null ausgehend sehr langsam an, so tritt die Druckempfindung erst bei grossen Gewichten ein. Man kann auch sagen, dass man sich bei sehr langsamer Belastungszunahme in grosse Gewichte einschleichen kann. Anderseits ist nicht zu verkennen, dass Belastungsgeschwindigkeiten, welche den Werth 5 gr/sec. übersteigen, nur wenig an Wirksamkeit gewinnen, so dass es z. B. in den Versuchen 25. I und und 26. I keinen deutlichen Unterschied macht, ob das zur Auslösung der Empfindung nöthige Gewicht von $\frac{1}{4}-\frac{1}{3}$ gr in $\frac{1}{20}$ oder in $\frac{1}{15}$ Sec. erreicht wird. Nennt man, wie es von v. KRIES (17) für constante Ströme vorschlägt, Reize, welche den Schwellenwerth in verschwindend kurzer Zeit erreichen, Momentanreize, alle übrigen Zeitreize, so würde hier bei einer Geschwindigkeit von 5 gr/sec. nahezu die Grenze erreicht sein, von welcher ab die Zeitreize merklich gleiche Wirksamkeit haben, wie die Momentanreize. Das Interesse, welches sich an die Bestimmung dieser Grenze knüpft, beruht auf dem Umstande, dass, wie v. KRIES hervorhebt, sie eine Aussage darstellt über die Beweglichkeit des reizbaren Apparates.

Vielleicht noch anschaulicher als aus Fig. 5 erhellt die Bedeutung der Belastungsgeschwindigkeit für die Belastungsschwelle aus

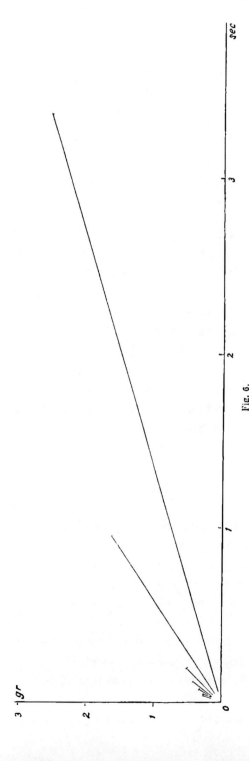

Fig. 6.

einer anderen Darstellung der, Ergebnisse des dritten Versuchs, wie sie in Fig. 6 gewählt ist. In derselben stellen die Abscissen Zeiten, die Ordinaten Gewichte dar. Betrachtet man die am weitesten nach rechts gelegene Marke mit den Coordinaten 3.34 Sec. und 2.5 g, so bedeutet dieselbe, dass Empfindung erst bei 2.5 g eintritt (Daumenballen, 21.2 mm² Fläche), wenn die Belastung von Null geradlinig ansteigend 3.34 Sec. braucht, um den genannten Werth zu erreichen. Verbindet man die Marke durch eine gerade Linie mit dem Anfangspunkt des Coordinatensystems, so stellt dieselbe für die gewählten Maasseinheiten unmittelbar die Belastungsgeschwindigkeit dar. Trägt man auch die übrigen in dem betreffenden Versuch verwendeten Belastungsgeschwindigkeiten als gegen die Coordinatenaxen verschieden geneigte Gerade ein, zieht sie aber von O nur so lange aus, bis der zugehörige Schwellenwerth der Belastung erreicht ist, so ist die stärker erregende Wirkung steiler Reize sehr deutlich zu zu erkennen.

2. Abhängigkeit der Belastungsschwelle von der Reizfläche.

Legt man bei constanter Belastungsgeschwindigkeit die Carton- oder Korkscheiben verschiedener Fläche derart auf die Haut, dass stets derselbe empfindlichste Punkt (siehe unten) vom Reiz getroffen wird, so bedarf es zur Auslösung einer Empfindung für die grosse Fläche eines grösseren Gewichtes. Die Abhängigkeit des Schwellengewichtes von der Reizfläche ist aber keine einfache; sie zeigt sich nämlich selbst wieder beeinflusst durch die gewählte Belastungsgeschwindigkeit. Es ist zweckmässig, hier zwei Fälle zu unterscheiden.

A. Bei kleiner Belastungsgeschwindigkeit wachsen die Schwellengewichte rascher als die Flächen, z. B.

Datum	Reagent	Belastungsge-schwindigkeit	Reizfläche	Schwellen-gewicht	Ort
20. I. 96	F	1.2 gr/sec.	10.7 mm²	0.83 g	Daumenballen
			21.2	2.83 „	
22. I. 96	K	1.7	10.7	0.67	
			21.2	1.83	
		2.6	10.7	0.58	
			21.2	1.50	
24. I. 96	F	1.7	10.7	0.17	
			21.2	0.54	„
20. IV. 96	F	4.3	10.7	0.54	Beere des Ringfingers
			21.2	1.96	

B. Bei grosser Belastungsgeschwindigkeit sind die Schwellenwerthe annähernd proportional den Flächen.

Versuch	Reagent	Belastungsge-schwindigkeit	Fläche	Schwellen-gewicht	Ort der Reizung
16. I.	K	11 gr/sec.	10.7 mm²	0.9 g	Handgelenk
			21.2	2.1	
20. I.	F	6.25	10.7	2.0	Handgelenk
			21.2	4.0	
22. I.	K	6.25	10.7	0.3	Daumenballen
			21.2	0.5	
28.. I	F	6.25	10.7	0.25 „	Handgelenk
			21.2	0.50	

Zu diesen Angaben muss bemerkt werden, dass unter Belastungsgeschwindigkeit die pro Secunde zuwachsenden Gewichts- oder Kraftwerthe gemeint sind ohne Rücksicht auf die belastete Fläche. Bezeichnet man, wie in der Hydrostatik, die auf die Flächeneinheit
wirkende Kraft als Druck, so erhält man die der Flächeneinheit pro
Secunde zuwachsenden Gewichte oder die Druckgeschwindigkeit,
indem man die Belastungsgeschwindigkeit durch die Fläche dividirt.
Lässt man die Schwellenwage mit stets gleicher Spannungs- oder Belastungsgeschwindigkeit wirken auf Hautflächen, welche sich in Bezug
auf ihre Grösse zu einander verhalten wie 1 2, so ist die Druckgeschwindigkeit für die kleinere Fläche doppelt so gross wie für die
grössere. Hat z. B. die Belastungsgeschwindigkeit den Werth 2 gr/sec.,
so beträgt die Druckgeschwindigkeit für eine Fläche von 10 mm² 0.2
gr/mm²sec., für eine Fläche von 20 mm² 0.1 gr/mm²sec.

Die Verschiedenheit zwischen den unter A. und B. angeführten
Ergebnissen könnte nun sehr wohl davon herrühren, dass der mit
der Aenderung der Fläche einhergehende Wechsel der Druckgeschwindigkeit die Grösse des Schwellengewichtes mit bestimmt.

Fasst man zunächst die unter B. verzeichneten Versuche in's Auge,
so handelt es sich um Belastungsgeschwindigkeiten, für welche wie
oben nachgewiesen wurde, ein Unterschied gegenüber Momentan-
reizen kaum noch besteht. Unter diesen Umständen kann dem
Wechsel der Druckgeschwindigkeit kein wesentlicher Einfluss auf das
Resultat mehr zukommen und es müssen die Versuche B. den Einfluss der Fläche auf die Reizschwelle klarer erkennen lassen als die
Versuche A. Die Versuche B. ergeben aber annähernde Gleichheit
solcher Reize, bei welchem die Gewichte proportional den Flächen
wachsen, oder welche gleich sind in Bezug auf ihren Druckwerth im hydrostatischen Sinne.

Legt man die erwähnte Auffassung zu Grunde, so eröffnet sich
die Möglichkeit einer Prüfung auch bei den Versuchen A. mit geringer
Belastungsgeschwindigkeit. Wählt man nämlich für jede Fläche eine
ihr proportionale Belastungsgeschwindigkeit, so dass die auf die Haut
wirkende Druckgeschwindigkeit constant bleibt, so müssen die Reizschwellen den Flächen proportional gefunden werden. Die in dieser Richtung unternommenen Versuche ergaben:

C. Bei constanter Druckgeschwindigkeit sind die Reizschwellen den Reizflächen annähernd proportional.

Versuch 17. VI. 96, Reagent F. Handgelenk, Flächen 3.5 und 8 mm² mit den proportionalen Belastungsgeschwindigkeiten 2.4 und 4.76 gr/sec.

Fläche	Schwellengewicht	Aussagen des Reagenten
8 mm²	0.40 g	wird eben erkannt
3.5	0.16	„
8	0.36	»vielleicht eine Spur« oder »nein«
	0.40	wird nicht jedesmal gefühlt
	über 0.40	regelmässig »ja«, wenn auch »sehr schwach«
3.5	0.16	wird eben erkannt
8	0.32	»mag sein«, »ich glaube noch eine Spur«, »vielleicht eben eine Andeutung«
	0.36	»eben noch«, »ganz schwach«, »ja wohl ganz leise«
	0.40	»ja«, »ja schwach«, »ja«.

Versuch 17. VI. 96, Reagent F. Handgelenk andere Stelle. Flächen und proportionale Belastungsgeschwindigkeiten wie oben.

Fläche	Schwellengewicht	Aussagen des Reagenten
8 mm²	1.92 g	werden gefühlt und absteigend bis 1.6 g. Von 1.44 g aufsteigend tritt erst bei 1.84 bis 1.92 Empfindung auf
3.5	0.8	»vielleicht eine Spur«
	0.88	»ja«
8	1.52	»vielleicht eine Spur«
	1.60	»ganz schwach«
	1.68	»ja«.

Versuch 19. VI. 96, Reagent F. Handgelenk, dritte Stelle, sonst wie oben.

Fläche	Schwellengewicht	
3.5 mm²	0.72 g	
8	1.44	Hier trat durch Einübung auf die anfangs schwer zu erkennende Erregung eine Erniedrigung der Schwelle auf.
3.5	0.56	
8	1.20	

Wird Ermüdung ausgeschlossen, so sinken im Allgemeinen die Schwellenwerthe im Laufe eines längeren Versuchs, weil der Reagent sich auf die zu erkennende, stets sehr schwache Empfindung einübt.

Die Ergebnisse stimmen mit der oben ausgesprochenen Vermuthung so gut überein, als bei der nicht unerheblichen Schwierigkeit der Versuche erwartet werden kann. Daraus folgt aber mit grosser Wahrscheinlichkeit, dass die Erregung eine Function des von dem Reize gesetzten hydrostatischen Druckes ist, bezw. der Geschwindigkeit, mit welcher derselbe ansteigt. Legt man in dem Worte Drucksinn der Silbe Druck die eben ausgesprochene Bedeutung bei, so bezeichnet sie in ganz treffender Weise die Reizqualität, welche für diesen Sinn adäquat ist.

Die mitgetheilten Versuche erweisen die bezeichnete Abhängigkeit nur für Schwellenreize, doch ist kaum zu zweifeln, dass sie auch für überschwellige Reize besteht. Eine Ausdehnung der Versuche in dieser Richtung stellen sich eigenthümliche Schwierigkeiten in den Weg, auf welche noch zu verweisen sein wird.

Ferner ist zu beachten, dass der ausgesprochene Satz zunächst nur für die hier gebrauchten Flächen zwischen 3.5 und 21.2 mm² zu Recht besteht und für andere Flächen erst zu erweisen ist. In der That zeigt sich, dass bei Ueberschreitung dieser Grenzen, nach unten sowohl wie nach oben, früher oder später abweichende Verhältnisse Platz greifen, deren Besprechung aber ebenfalls auf später verschoben werden muss.

Die Abhängigkeit der Erregung des Drucksinns von dem hydrostatischen Druck des Reizes bezw. seiner ersten Ableitung nach der Zeit lässt erkennen, dass bei der Vergleichung verschiedener Reizflächen nur dann zuverlässige Ergebnisse zu erwarten sind, wenn die Reizflächen stets in voller Ausdehnung und gleichmässig der Haut anliegen. Wählt man als Druckkörper ebene Carton- oder Korkscheiben, so muss auch die zu reizende Hautstelle eben, weder nach aussen noch nach innen gewölbt sein. Wenn diese Bedingung auch nirgends streng zu erfüllen sein wird, so kann doch eine genügende Annäherung um so eher erreicht werden, je kleiner man die Reizflächen wählt. Dies der Grund, warum in den mitgetheilten Versuchen grössere Flächen als 21.2 mm² nicht zur Verwendung kamen, vielfach sogar mit erheblich kleineren Flächen operirt wurde.

Aber selbst bei allseitiger Berührung der Reizfläche mit der Haut ist eine ungleichmässige Wirkung noch immer dann gegeben, wenn der Stift der Schwellenwage nicht auf den Mittelpunkt der Fläche wirkt. Es wird dann eine Kante der Scheibe stärker in die Haut gedrückt und die Beziehung der gefundenen Reizschwelle auf die Reizfläche ist illusorisch.

Eine weitere und sehr wichtige Fehlerquelle liegt in der bisher stillschweigend gemachten Annahme, dass die Empfindlichkeit der Haut innerhalb der einzelnen Körperabschnitte merklich constant und nirgends sprungartig wechselnd sei. Diese Annahme ist aber nicht richtig. Wie unten zu zeigen sein wird, kann die Empfindlichkeit selbst innerhalb kleiner Flächen, z. B. innerhalb eines Quadratcentimeters, eine sehr verschiedene und für Schwellenreize sogar eine sprungartig wechselnde sein. Wie es gelingt, die für Schwellenbestimmungen daraus entstehenden Schwierigkeiten zu überwinden, wird sofort zu besprechen sein.

3. Abhängigkeit der Druckschwelle von dem Orte.

Der Vergleich verschiedener Hautstellen in Bezug auf ihre

Datum	Reagent	Ort	Fläche mm²	Belastungsgeschwindigkeit gr/sec.	Belastungsschwelle g	Druckschwelle mgr/mm²
20. I.	K	Handgelenk Volarseite	21.2	1.7	0.5	24
„		„			0.8	38
20. I.		Daumenballen			> 4.0	> 189
22. I.					1.8	85
25. I.					1.25	59
26. I.	„	„			0.83	39
20. I.	F	Handgelenk Volarseite			> 5.0	> 236
28. I.		„			1.17	55
24. I.		Daumenballen			0.5	24
„					0.6	28
26. I.		„	„		1.0	47
30. IV.			3.5	3.0	0.24	70
					0.28	80
					0.40	114
					0.16	45
					0.16	45
					0.48	110
					0.72	200
„		„			0.10	28
14. V.		Fingerbeere			0.40	114
					0.48	137
					0.60	170
		„			0.10	28
		Handgelenk Volarseite			0.10	28
					2.24	640
					1.12	320

Empfindlichkeit gegen Deformation ist nur möglich, wenn stets gleiche
Flächen mit gleichen Belastungsgeschwindigkeiten gereizt oder verschiedene Flächen durch Combination mit proportionalen Belastungsgeschwindigkeiten gleichen Druckgeschwindigkeiten ausgesetzt werden.
Aus den mir zur Verfügung stehenden Versuchsdaten lassen sich
vorstehende nach dem ersten Verfahren gruppirte Zahlen zusam-
menstellen.

Aus diesen wenigen Zahlen geht bereits das e i n e mit Sicherheit hervor, dass die Schwellenwerthe selbst innerhalb eines im
anatomischen Sinne einheitlichen Hautgebietes sehr beträchtliche
Schwankungen aufweisen, so z. B. auf der Fingerbeere im Verhältniss
von 1 6. Noch grösser sind die Verschiedenheiten auf der Volarseite des Handgelenks, doch können auch hier 'neben sehr hohen,
sehr niedrige, den tiefsten Schwellen an der Fingerbeere gleiche
Schwellen gefunden werden. Es ist ferner sehr leicht zu zeigen,
dass mit Verkleinerung der Fläche die Schwankungen zunehmen,
was ebenfalls aus vorstehender Tabelle abgelesen werden kann, wenn
man die Werthe für Daumenballen oder Handgelenk bei Anwendung
einmal der grossen (21.2 mm²), das andere Mal der kleinen Fläche
(3.5 mm²) vergleicht.

Es weist dies alles darauf hin, dass die Bestimmung von Druckschwellen von der hier gebrauchten Grösse beeinflusst wird durch
die Dichte und Empfindlichkeit jener Orte niedrigster mechanischer
Reizschwelle, welche von BLIX (3) zuerst als die D r u c k p u n k t e der
Haut bezeichnet wurden.

Da die Eigenthümlichkeiten dieser Punkte noch genauer zu
untersuchen sein werden, so sei hier nur bemerkt, dass es sich, wie
schon BLIX angab und GOLDSCHEIDER (11) und ich (I, II) bestätigen
konnten, um ganz unverrückbar auf oder in der Haut gelegene, stets
wieder auffindbare, wenn auch in ihrer Erregbarkeit veränderliche
Orte handelt. Mit Hülfe der unten zu beschreibenden Methode der
Reizhaare, welche eine sehr umschriebene und abstufbare mechanische
Reizung gestattet, lässt sich ihre Zahl, Lage und relative Empfindlichkeit mit genügender Genauigkeit messen, so dass ein Vergleich
mit den bisher beschriebenen Schwellenbestimmungen möglich ist.
Bezeichnet man die mittelst der Reizhaare bestimmten Schwellen
der Druckpunkte als P u n k t s c h w e l l e n, dagegen als F l ä c h e n -

schwellen die mit der Schwellenwage gewonnenen Werthe, so ergeben sich folgende Beziehungen:

1. Niedrigste Flächenschwellen finden sich stets dort, wo die reizende Fläche einen Ort niedrigster Punktschwelle bedeckt.

2. Je kleiner die reizende Fläche oder je grösser der Abstand der Druckpunkte von einander, desto leichter kann die reizende Fläche in Lücken zwischen Druckpunkten zu liegen kommen, wobei auffallend hohe Flächenschwellen zur Beobachtung kommen.

3. Beim Vergleich von Flächenschwellen verschiedener Fläche können verwerthbare Resultate nur dann erhalten werden, wenn sämmtliche zu vergleichenden Flächen denselben oder dieselben Orte niedrigster Punktschwelle bedecken.

Es ist schon oben S. 36 erwähnt worden, dass die in kleinen Abständen stark wechselnde Druckempfindlichkeit der Haut eine ernsthafte Schwierigkeit bildet für Versuche, welche sich die Bestimmung von Flächenschwellen verschieden grosser Hautflächen zur Aufgabe setzen. Bedeute in nebenstehender Figur 7 der äussere Kreis die Umgrenzung einer grösseren, der innere die Umgrenzung einer kleineren Hautstelle, welche abwechselnd durch Belastungen gereizt werden, und besitzen beide Kreise in a einen Ort, dessen Punktschwelle tiefer liegt als die von b, so ergiebt der Versuch, gleiche

Fig. 7.

Druckgeschwindigkeit vorausgesetzt, die unter C. besprochene Abhängigkeit der eben merklichen Belastung von der getroffenen Fläche. Ist dagegen die Punktschwelle von b tiefer als die von a, so werden die eben merklichen Gewichte nicht mehr proportional den Flächen sein, sondern die grössere Fläche wird bei relativ oder selbst absolut kleinerer Belastung wirksam werden. Daraus folgt, dass sich eindeutige Resultate nur dann erzielen lassen, wenn auf die Lage und relative Empfindlichkeit der Druckpunkte Rücksicht genommen wird. Es ist daher vor Ausführung der oben beschriebenen Versuche mit der Schwellenwage die gewählte Hautstelle stets erst daraufhin untersucht und die Reizfläche so aufgelegt worden, dass sie einen Punkt grosser Empfindlichkeit und daneben nur noch wenig empfindliche Druckpunkte bedeckte. Der auf Seite 35 beschriebene Versuch vom 19. VI. 1896 betrifft einen isolirten Druckpunkt.

Dritter Abschnitt.

Ueber den Gebrauch von Reizhaaren.

Es ist ersichtlich, dass die mit der Schwellenwage ausgeführten Bestimmungen stets abhängig sein werden von der Zahl und Empfindlichkeit der Druckpunkte, welche bei dem Versuch getroffen werden. Um diese Zufälligkeit auszuschliessen und schärfere Angaben machen zu können über das, was man die Feinheit des Drucksinns oder die Druckempfindlichkeit einer Hautstelle genannt hat, erscheint es daher vor allem geboten, die Schwellenbestimmungen für die einzelnen Druckpunkte durchzuführen.

Hierzu eignen sich die von mir beschriebenen Reizhaare, kurze Stücke von Haaren mit leicht schmelzendem Kitt in rechtem Winkel an das Ende eines Holzstäbchens geklebt, welches als Handhabe dient, Fig. 8. Ich gebrauche vierkantige Stäbchen aus Erlenholz von 4 mm Seite und 80 mm Länge. Die Haare müssen schlicht d. h. nicht gekräuselt sein. Am besten sind Kopfhaare

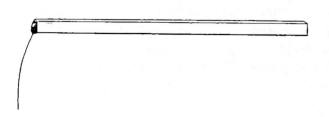

Fig. 8.

mit mittleren Durchmessern von 40—100 μ (Kinder-, Frauen-, Männerhaare). Weniger geeignet sind Barthaare, weil sie meist stärkere Krümmungen und oft auch sehr unregelmässige (nierenförmige, herzförmige etc.) Querschnitte haben. Für stärkere Reize sind Schwanzhaare des Pferdes sehr brauchbar, welche sich durch geringe Kräuselung und fast kreisrunden Querschnitt von 160—250 μ Durchmesser auszeichnen. Schweinsborsten sind für die meisten Zwecke zu steif und nur in Ausnahmsfällen zu verwenden. Die Haare sollen ferner innerhalb der gebrauchten Längen ihren Durchmesser möglichst wenig ändern. Auch in dieser Richtung empfehlen sich menschliche Kopfhaare und Pferdehaare am meisten.

Der Vortheil, den diese Reizhaare als Mittel zur mechanischen

Reizung der Haut bieten, ist ein doppelter. Erstens wirken sie auf sehr kleine Flächen und zweitens ist die Intensität der Reizung abstufbar. Zur Bestimmung ihres Reizwerthes müssen zwei Constanten bekannt sein:

1. Der Durchmesser des Haares, oder, da elliptische Querschnitte die Regel bilden, der grösste und kleinste Durchmesser.

2. Das Gewicht, welches von dem Haar gehoben wird, wenn man es mit seinem Querschnitt gegen die Wagschale stemmt.

Zur Ausmessung der Durchmesser habe ich das Stativ eines älteren englischen Mikroskops mit Kreuztisch (beweglichem Objecttisch) benutzt, dessen Tubus durch Trieb in sehr weitem Umfange verstellbar ist. Das optische System bestand aus Zeiss D und Okular I mit Netzmikrometer. Die Tubuslänge war so gewählt, dass der Abstand zweier Linien des Mikrometers 0.02 mm repräsentirte. Ist der Durchmesser eines Haares zu a Mikrometertheilen bestimmt, so beträgt dann die Länge des Halbmessers (bezw. der halben Axe der Ellipse) $\frac{a}{100}$ mm. Zur Messung wird Blendung und Condensor aus dem Stativ entfernt und nur der Spiegel zurückgelassen. Das Stäbchen des Reizhaares wird mit etwas Klebwachs auf dem Objecttisch so befestigt, dass das Haar nach oben ragt. Längere Haare werden durch den Ausschnitt des Tisches durchgesteckt und der Griff unterhalb befestigt. Der Querschnitt des Haares soll mit einer scharfen Scheere senkrecht zur Axe angelegt und parallel zur Ebene des Tisches orientirt sein; er muss staubfrei sein. Dünne Haare werden durch den leisesten Luftzug bewegt; schon die Athmung des Beobachters genügt, sie in beständigem Schwanken zu erhalten, welches eine Messung unmöglich macht. Man hilft sich, indem man das Haar nahe dem Ende zwischen zwei Objectträger einklemmt. Auch bei Einhaltung aller dieser Vorschriften sind die Ränder des Querschnittes manchmal nicht scharf zu sehen. Hier kommt man durch gute Beleuchtung, Wechsel zwischen geradem und schiefem Licht etc. in der Regel zum Ziele. Hilft dies alles nicht, so muss ein neuer Querschnitt angelegt werden.

Die zweite auszuführende Bestimmung ist eine Kraftmessung und betrifft den Widerstand, den das Haar einer Zusammendrückung in der Richtung seiner Längsaxe entgegensetzt. Ich werde diese

Form der Beanspruchung, um einen kurzen Ausdruck zu haben, als Stauchen bezeichnen. In Wirklichkeit kommt es allerdings nicht oder nicht in nachweisbarem Grade zu einer Stauchung; das Haar biegt vielmehr nach der Seite aus und entwickelt einen von seiner Biegsamkeit abhängigen Widerstand. Von Wichtigkeit für den vorliegenden Zweck ist, dass dieser Widerstand sehr rasch einem Maximum zustrebt. Der Vorgang möge durch die schematische Figur 9

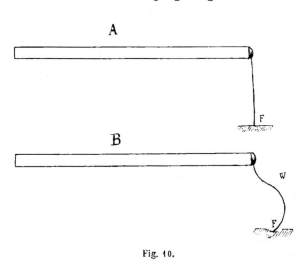

Fig. 10.

A und *B* veranschaulicht sein. *A* stellt das Reizhaar vor, wenn es auf die Haut im Punkte *F* aufgesetzt, aber noch nicht gestaucht ist. In *B* ist der Griff durch Parallelverschiebung der Haut genähert und das Haar zu einer S-förmigen Curve gebogen, deren Wendepunkt in *W* ist. Liegt *W* senkrecht über dem Fusspunkte *F*, so übt das Haar eine ausschliesslich drückende Wirkung auf die Haut. Weicht dagegen *W* nach der Seite ab, so entsteht neben der drückenden eine schiebende Componente. Die letztere tritt nun, wie man die Verbiegung des Haares auch vornehmen mag, regelmässig dadurch auf, dass das Haar sehr bald beginnt sich aus der Ebene herauszudrehen, d. h. aus der ebenen S-Curve wird eine Raumcurve.

Nimmt man die Verbiegung des Haares auf der Wage vor, indem man es gegen die Wagschale oder, wenn die Construction es erlaubt, von oben her gegen eine horizontale Fläche des Gehänges genau so wie gegen die Haut zu stauchen versucht, so äussert sich das Herausdrehen des Haares aus der Krümmungsebene dadurch, dass sein mit zunehmender Krümmung anfangs wachsender Widerstand wieder abnimmt. Legt man also auf die andere Wagschale Gewichte, welche die zur Verdrehung des Haares nöthige Krümmung herbeiführen, so werden diese nicht mehr gehoben, während kleinere Gewichte von dem Haar überwunden werden. Das grösste Gewicht, welches von dem Haar noch gehoben wird, soll weiterhin die Kraft des Haares genannt werden.

Das Herausdrehen aus der Krümmungsebene kommt wahrscheinlich durch den nicht ganz regelmässigen, insbesondere oft leicht spiraligen Bau des Haares zu Stande. Elastische Stäbe oder Stränge von homogener oder parallelfaseriger Beschaffenheit, wie Kautschukfäden oder Fischbeinstäbe, lassen diese Erscheinung gar nicht oder nur in geringem Grade beobachten, deutlich aber gedrehte Gebilde wie steife Bindfäden, Darmsaiten, Spiralfedern. So ausgesprochen wie bei den Haaren habe ich sie allerdings nirgendwo gefunden und ich möchte darin eine Eigenthümlichkeit erblicken, welche nicht ohne praktischen Werth ist. Indem das Haar sich verdreht und abgleitet, kann es in vielen Fällen einer Ueberschreitung seiner Elasticitätsgrenze und einer Knickung aus dem Wege gehen.

Dass der als maximale Kraft des Haares bezeichnete maximale Stauchungswiderstand sich mit einer für den vorliegenden Zweck genügenden Genauigkeit messen lässt, möge folgendes Beispiel zeigen:

Haar $27 \times 46\,\mu$, $3900\,\mu^2$.

Kraftbestimmung auf der Wage am 30. October 1894:

30 mgr werden sofort gehoben,
31　 ebenso,
32　 ebenso, aber langsamer,
33　 werden langsam gehoben, starke Biegung nöthig,
34　 ebenso,
35　 werden zuweilen spurweise gehoben,
36　 werden nicht gehoben.

Nachprüfung desselben Haares am 1. October 1895:

35 mgr werden etwas gehoben,
35.5 ,, kaum noch bewegt,
36　 werden nicht gehoben.

Der Werth hat für das gegebene Haar die Bedeutung einer Constanten, wenigstens ergeben, wie vorstehendes Beispiel zeigt, in beliebigen Intervallen vorgenommene Nachprüfungen in den Grenzen von wenigen Procenten schwankende Werthe, vorausgesetzt dass das Haar nicht geknickt oder sonstwie beschädigt worden ist. Ob das geringe Schwanken der Werthe mit den hygroskopischen Eigenschaften der Haare zusammenhängt, habe ich nicht näher untersucht.

Das Verdrehen des Haares und der damit verbundene Nachlass des Druckes ist ein sehr bequemes Mittel, um die Leistung des Haares zu kennzeichnen. Für die Schwellenbestimmung auf der Haut ist es aber nicht zulässig, die Verbiegung so weit zu treiben wie in Fig. 9 *B*, weil dann der Querschnitt des Haares sich schräg stellt und mit seiner Kante in die Haut eindringt. Wie gross ist aber die Kraft des weniger stark verbogenen Haares?

Die Antwort lautet: Ein der maximalen Kraft des Haares naheliegender Widerstand wird schon erreicht, bevor das Haar eine merkliche Durchbiegung erfahren hat. Es sind die letzten zur Erreichung des Grenzwerthes nöthigen Zusatzgewichte, welche eine rasch zunehmende Verbiegung und schliesslich die Verdrehung des Haares herbeiführen.

Von dieser Thatsache kann man sich in folgender Weise überzeugen. Der Griff des Reizhaares wird von einem Muskelhalter gefasst, welcher eine feine Einstellung besitzt und Senkungen von 0.1 mm an einer Schraubentrommel abzulesen gestattet. Das Haar wird in verticaler Richtung so eingestellt, dass es die eine Wagschale gerade berührt, wenn die Zunge der leeren Wage auf Null steht. Nun werden auf die andere Wagschale Gewichte gelegt und das nunmehr gebogene Haar so lange vermittelst der Schraube niedergelassen, bis die Zunge wieder auf Null einspielt. Beispiele:

1. Kopfhaar 23 × 40 μ, 2800 μ², 15.5 mm Länge.

10 mgr. werden ohne merkliche Biegung des Haares getragen.
20   ebenso.
22   Senkung um 0.1 mm nöthig.
23   0.2   „
24   „   „ 4.0 „ noch nicht ausreichend, das Haar wird verdreht
   und durchgebogen.

2. Pferdehaar 83 × 88 μ, 23000 μ², 24 mm Länge.

0.5 gr beanspruchen eine Senkung um 0.4 mm
0.6   „   „   „   „ 0.7 „
0.65 „ Das Haar wird verdreht und durchgebogen.

Es werden also mindestens 90 % des maximalen Kraftwerthes ohne störende Verbiegung bezw. Schrägstellung des Haares erreicht. Die hierzu nöthige geringe Senkung des Griffes ist u. a. eine Function der Länge des Haares. Aus diesem Grunde sowie wegen des lästigen Schwankens und der damit verbundenen Unsicherheit beim Aufsetzen der Haare werden Längen von 50 mm und darüber besser vermieden. Aber auch sehr kurze Haare, z. B. Stücke von Kopfhaaren unter 5 mm Länge, sind für den gewöhnlichen Gebrauch unzweckmässig, weil bei der Verbiegung so kurzer Haarstücke Ueberschreitung der Elasticitätsgrenze stattfindet, das Haar daher nicht sofort wieder in seine Ausgangslage zurückkehrt. Die Bestimmung der Kraft solcher Haare und ebenso ihre Benutzung zur Reizung der Haut ist daher nur unter Einschaltung genügend langer Pausen zwischen den einzelnen Verbiegungen ausführbar.

Ist die Bestimmung des Halbmessers (der halben Axen) des Haares sowie seiner Kraft nach den beschriebenen Verfahrungsarten erfolgt, so werden die Werthe auf dem Holzgriff vermerkt. Dasselbe geschieht mit dem daraus abgeleiteten Reizwerth, welcher zunächst, auf Grund der Versuche mit der Schwellenwage, abhängig gesetzt werden soll von dem Verhältniss zwischen Kraft und Fläche. Der Werth dieses Quotienten wird als Druck des Haares bezeichnet werden.

Die Angaben auf dem Griff eines derartig geaichten Reizhaares lauten demnach:

$$28 \times 47 \ (36) \ \mu$$
$$4130 \ \mu^2$$
$$37 \ \text{mgr}$$
$$9 \ \text{gr/mm}^2.$$

Die beiden ersten Zahlen sind die beiden halben Axen des elliptischen Querschnittes und 36 μ der Radius eines Kreises, welcher mit der Ellipse gleiche Fläche besitzt, nämlich 4130 μ^2. Es ist zweckmässig die Angaben über die vier Flächen des Griffes so zu vertheilen, dass die einzelnen Constanten stets in derselben Weise in Bezug auf die Richtung des Haares orientirt sind. Der Reizwerth muss in dem geordneten Satze zuerst in die Augen springen.

Die schwächsten Drucke, die man durch Frauenhaare von noch handlicher Länge erzielt, liegen bei 1 gr/mm². Will man noch weiter herabgehen, z. B. für die Cornea, so empfiehlt es sich, an Coconfäden von geeigneter Länge ganz kurze, nur wenige Millimeter lange Stücke von Kopf- oder Barthaaren mit einer Spur von Canadabalsam

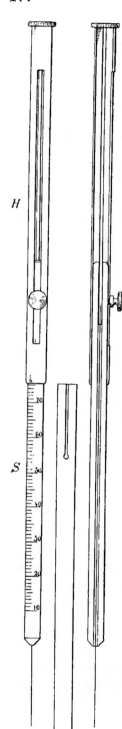

Fig. 10.

anzukleben. Man vermeidet dadurch den stets
sehr unregelmässigen Querschnitt der Coconfäden und vereinigt den Vortheil einer sehr
biegsamen Faser mit einem relativ grossen
Querschnitt.

Ein Satz derartiger Reizhaare mit genügend verschiedenen Constanten, nach ihren
Reizwerthen geordnet und in geeigneten Käst-
chen verwahrt, bildet ein sehr handliches In-
strumentarium für eine grosse Zahl von Versuchen und kann bei richtiger Verwendung
trotz täglichen Gebrauchs jahrelang in gutem
Stande bleiben.

Da in der Praxis des Arztes, insbesondere
des Nervenarztes, die Bestimmung von mechanischen Reizschwellen nicht selten werthvoll
werden kann, es aber nicht jedermanns Sache
ist, die zwar nicht schwierige aber immerhin
umständliche Arbeit der Aichung eines Satzes
von Reizhaaren durchzuführen, so habe ich ein
Aesthesiometer anfertigen lassen, welches
auf dem Princip der Reizhaare beruht, aber
gestattet, mit einem einzigen Haar eine grosse
Reihe von Druckwerthen zu durchlaufen. Denkt
man sich ein stärkeres Haar z. B. ein Pferdehaar eingezogen in eine Capillare, etwa in ein
Thermometerrohr von so engem Lumen, dass
das Haar sich eben noch leicht darin verschieben lässt, so kann bei dem Stauchungsversuch
nur der von der Capillare nicht umschlossene
Theil des Haares sich verbiegen und wird eine
Kraft entfalten, die um so grösser ist, je weiter
man das Haar in die Capillare zurückzieht.

In der Ausführung ist die Capillare ersetzt
durch ein Messingrohr sehr enger Bohrung S
Fig. 10, auf welchem eine Hülse H mit geringer Reibung gleitet. In der Axe der Hülse

und von gleicher Länge wie diese verläuft ein Drähtchen, welches in die Bohrung des Rohres S passt und an dessen Ende das Reizhaar befestigt ist. Wird die Hülse ganz über den Stab geschoben, so ragt das Haar in grösster Länge hervor, und hat demgemäss nur geringe Kraft. Wird anderseits die Hülse möglichst weit zurückgeschoben, so verschwindet der grösste Theil des Haares in der Bohrung, und der kurze noch vorragende Theil leistet einen sehr erheblichen Stauchungswiderstand. Um ein Abziehen der Hülse von dem Rohre zu vermeiden, ist erstere mit einem Schlitze versehen, dessen Enden in den extremen Lagen gegen eine Stellschraube stossen, durch welche die Hülse auch in jeder zwischenliegenden Stellung festgehalten und somit das Reizhaar auf eine beliebige Länge eingestellt werden kann. Eine Millimetertheilung auf dem Rohre, mit deren Hilfe eine gegebene Länge des Reizhaares stets wieder gefunden werden kann und eine Schutzhülse für das frei herausragende Haarende vervollständigen die Einrichtung.

Die Aichung des Haares nimmt man am besten an einer Federwage vor, die man sich eventuell aus einem Muskelhebel und einer guten Spiralfeder leicht in genügender Empfindlichkeit herstellen und durch Gewichte graduiren kann. Man bestimmt für jeden fünften oder zehnten Strich der Millimetertheilung die Kraft des Haares und interpolirt für die zwischenliegenden. Die Theilung des Aesthesiometers ist so orientirt, dass den höchsten Zahlen die kürzesten Längen, also die grössten Kräfte des Haares entsprechen. Die kleinsten Kraftwerthe verhalten sich zu den grössten wie 1 : 50 und man kann mit dem Instrument sowohl unter die Druckschwelle der meisten Hautstellen herabgehen, wie über die Schmerzschwelle steigen. Ueber eine grössere Zahl praktischer Erfahrungen wird Herr Dr. R. Berger an einer anderen Stelle berichten.

Die Methode der Reizhaare steht, wie ich nachträglich erfahren habe, in einer gewissen Verwandtschaft zu dem Verfahren von Bloch (4). Ich habe mir nach dessen Angaben einen Spannungszeiger verfertigt und gebe in Fig. 11 eine Abbildung. Die an einem Griff befestigte Schweinsborste trägt an ihrem Ende ein quadratisches Stück Papier von 2 oder 3 mm Seite. Eine am Griff befestigte Scala giebt die den Verbiegungen der Borste entsprechenden Gewichte an. Ich muss gestehen, dass es sehr schwierig ist, das Papierquadral aus freier Hand auf die zu prüfende Hautstelle so aufzulegen, dass es dieselbe allseitig berührt und nicht schon vor jeder Verbiegung der Borste durch das Scheuern und Reiben der Kanten und

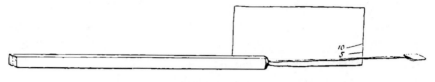

Fig. 11.

Ecken eine Empfindung auslöst. Die abnorm niedrigen Reizschwellen die Bloch angiebt, sowie die Behauptung, dass die Reizfläche ohne Einfluss auf die Reizschwelle sei, lassen mich glauben, dass auch der Erfinder diese Schwierigkeit nicht überwunden hat. Eine Modification dieses Verfahrens hat neuerdings Griffing (14 S. 17) benützt.

Die Handhabung der Reizhaare zum Zwecke der Erregung der Haut ist eine ähnliche wie bei ihrer Aichung auf der Wage. Man stösst oder staucht das Haar senkrecht gegen die zu untersuchende Hautstelle, wobei darauf zu achten ist, dass die Reizung auf den zuerst getroffenen Punkt beschränkt bleibt, d. h. das Haar nicht gleitet oder ausspringt. Stärkere Verbiegung des Reizhaares ist daher aus diesem Grunde sowie wegen der Schrägstellung des Querschnittes (siehe oben) zu vermeiden. Auch beim Abheben namentlich stärkerer Haare ist darauf zu achten, dass das federnde Haar nicht neue Hautstellen trifft. Das Aufsetzen der Reizhaare soll ferner so geschehen, dass Körperhaare nicht berührt werden, weil eine abstufbare Erregung derselben auf diesem Wege nicht gelingt. Dieselbe ist in anderer Weise auszuführen, worüber weiter unten nähere Angaben folgen werden.

Werden Reizhaare von kleinen Druckwerthen in der geforderten Weise benutzt, so erhält man je nach der gewählten Stelle verschiedene Empfindungen:

1. Am häufigsten kommt es zu einer sehr schwachen, indifferenten, sofort verschwindenden Empfindung, ähnlich jener, welche entsteht, wenn man ein einzelnes Körperhaar aus seiner normalen Richtung herausbiegt. Ich werde diese Art von Empfindung als Berührungsempfindung bezeichnen, bemerke aber ausdrücklich, dass ich in

ihr nicht etwas von der eigentlichen Druckempfindung wesentlich
Verschiedenes erblicke. Sie unterscheidet sich von der letzteren
nur durch die geringe Intensität und die kurze Dauer. Die Projection
ausserhalb des Körpers kann bei ihr, wie bei der Druckempfindung,
vorhanden sein oder auch fehlen; es hängt das von Nebenumständen
ab, auf welche hier nicht eingegangen werden kann.

2. Bei Verstärkung des Reizes geht sie ohne scharfe Grenze in
die Druckempfindung über, von welcher im nächsten Abschnitt
die Rede sein wird.

3. Vereinigt, wenn auch nicht streng gleichzeitig mit der Be-
rührungs- bezw. Druckempfindung tritt zuweilen Kitzel auf, welcher
durch die lange über die Zeit der Reizung anhaltende Dauer, die Ausbreitung nach der Fläche, die lebhafte und zwar unangenehme Gefühls-
betonung sowie durch die Tendenz Reflexe auszulösen ausgezeichnet
ist. Dass der Kitzel eine die Berührungs- bezw. Druckempfindung
nur begleitende Erscheinung ist, geht aus verschiedenen Eigenthümlichkeiten hervor. Die Intensität des Kitzels ist bei stets gleicher
Reizung ausserordentlich variabel, wird durch Wiederholung abge-
schwächt und kann durch Kneten und Reiben der Haut für längere
Zeit verschwinden, während die Druckempfindung nur mit erhöhter
Schwelle bestehen bleibt. Die Tendenz zur Kitzelempfindung durch
einmaliges kurzes Aufsetzen eines Reizhaares ist an den einzelnen
Hautstellen, wenn überhaupt vorhanden, sehr verschieden je nach
Stimmung, Willensthätigkeit etc. Die Beziehung des Kitzels zum Drucksinn ist bereits von Goldscheider betont worden (11, S. 92). Ich
fasse den Kitzel nicht als eine primäre Empfindung auf, sondern
als eine secundäre im Sinne von H. Quincke (23).

4. Aufsetzen von Reizhaaren führt an manchen Körperstellen
unmittelbar zur Schmerzempfindung, z. B. auf der Cornea, der
Conjunctiva, der Glans penis. An anderen Orten, wie auf dem wei-
chen Gaumen, im tiefsten Theile des inneren Gehörganges, ist die
Reizung, wenn nicht geradezu schmerzhaft, so doch in eigenthüm-
licher Weise unangenehm. Ueber Versuche betreffend die Schmerzempfindlichkeit der Haut und der Schleimhäute wird weiter unten
berichtet werden. Zunächst sollen die durch Reizhaare ausgelösten
Druckempfindungen besprochen werden.

Vierter Abschnitt.

Druckempfindungen durch Reizhaare. Lage und Dichte der Druckpunkte.

Die durch Reizhaare erregten Druckempfindungen zeigen folgende Eigenthümlichkeiten, welche vielfach an die Wirkung grösserer Druckflächen erinnern:

1. **Schwache Reize** werden nur anfänglich wahrgenommen. Sofort oder kurze Zeit nach dem Aufsetzen verschwindet die Empfindung, auch wenn das Haar noch auf der Haut verweilt. Man hat die Empfindung einer flüchtigen Berührung oder eines schwachen Stosses (Berührungsempfindung). Es bedarf ziemlich starker Reize, um eine länger andauernde Empfindung hervorzurufen. Die Entlastungsschwelle ist stets höher als die Belastungsschwelle.

2. Die **Geschwindigkeit des Aufsetzens** hat einen gewissen, aber geringen Einfluss in dem Sinne, dass der rascher eintreffende Reiz wirksamer ist. Man thut daher gut, die Haare mit möglichst constanter Geschwindigkeit aufzusetzen, wozu man übrigens aus Gründen der Bequemlichkeit von vorneherein geneigt ist. So geringe Steilheiten, wie sie mit der Schwellenwage erzielt werden können und für die Reizschwelle von ausschlaggebender Bedeutung sind, lassen sich mit der Hand nicht erreichen. Die kleinen Aenderungen, die wohl immer stattfinden, sind nicht von Belang. Eine stärkere Deformation der Haut durch den steileren Reiz ist nicht nachzuweisen und auch wenig wahrscheinlich, da die bewegten Massen zu klein sind. Raschere Bewegung der Hand bezw. des Griffes wird nur dazu führen, das Reizhaar schneller zu verbiegen.

3. Mit dem **Wechsel des Reizungsortes** gehen sehr auffällige Aenderungen in der Intensität der Empfindung einher. Stärkere Reize werden allerdings fast überall empfunden, führen aber doch zur deutlichen Unterscheidung von Stellen maximaler bezw. minimaler Erregbarkeit. Schwächt man den Reiz fortschreitend ab, so verschwindet zuerst die Erregung der Minima, die nun unempfindlichen Stellen gewinnen an Umfang, während die noch empfindlichen mehr und mehr eingeengt werden, bis man schliesslich zu einem Reizwerth gelangt, für den das empfindliche Gebiet auf die

Grösse des Querschnittes der noch wirksamen Reizhaare zusammen-schrumpft. Es giebt dann für das betreffende Reizhaar nur eine einzige Stellung, in welcher es wirksam wird.

Obwohl diese Orte als Punkte im strengen Sinne des Wortes nicht bezeichnet werden können, weil es nicht möglich ist mit dem gewählten Verfahren die Einengung weiter zu treiben als bis etwa 0.001 mm², so scheint es mir doch passend, den von Blix (3) ein-geführten Namen Druckpunkte für sie beizubehalten. Thatsäch-lich pflegt man als Punkte alle Objecte zu bezeichnen, deren Ge-sichtswinkel unter den für normale Sehschärfe zulässigen Grenzwerth von etwa 1 Minute herabgeht. Dies ist aber für Flächen der an-gegebenen Grösse bezw. für Kreise von dem Durchmesser 0.04 mm bei einer Sehweite von 20 cm bereits der Fall. Ueberdies hat sich das Wort Druckpunkte bereits genügend eingebürgert, um die Gefahr eines Missverständnisses auszuschliessen.

4. An gewissen Hautflächen liegen die Druckpunkte so weit aus-einander, dass man sie einzeln mit relativ starken Reizen erregen kann. Es ist schon unter 1. erwähnt worden, dass auch bei solchen stärkeren Reizen die Intensität der Empfindung nicht constant bleibt, sondern von einem anfänglichen Maximum ziemlich rasch absinkt. Aber selbst während dieser Zeit ist die Erregung nicht völlig continuirlich, sondern mehr oder weniger deutlich oscillirend. Ich weiss die Empfindung, welche hierbei auftritt, nach ihrem zeitlichen Verlauf mit nichts besser zu vergleichen, als mit dem sog. unvollständigen Schliessungstetanus, welcher am Nerv-Muskelpräparat bei Reizung mit constanten Strömen häufig auftritt. Wie gesagt antwortet auch der Druckpunkt auf den constanten mechanischen Reiz mit einer Reihe von Erregungsstössen von rasch abnehmender Amplitude. Ich be-merke, dass nicht auf jedem Druckpunkt die Erscheinung in gleich deutlicher Weise auslösbar ist, d. h. der Tetanus kann ein mehr oder weniger continuirlicher oder vollständiger sein. Es finden sich aber nicht wenige Druckpunkte, bei denen die Discontinuität der Empfindung mit voller Schärfe zum Bewusstsein kommt.

Diese Erscheinung steht in naher Beziehung zu einigen Beobachtun-gen, die ich in früheren Mittheilungen beschrieben habe (II. S. 293, III. S. 173). Ich hatte gefunden, dass bei der unipolaren Reizung der Druck-punkte nicht nur der faradische Strom discontinuirlich empfunden wird, selbst bis zu 130 Unterbrechungen des primären Stroms in der Secunde sondern dass auch der constante Strom, mit einem spitzen Pinsel als differenter Electrode zugeführt, insbesondere bei Kathodenschliessung, eine discontinuirliche Erregung veranlasst. Sehr schwache Ströme geben allerdings nur eine der Schliessungszuckung des Muskels analoge Momentanerregung; man braucht aber die Stromstärke nur wenig über den Schwellenwerth zu steigern, um einen an die »Schliessungszuckung« für kürzere oder längere Zeit sich anschliessenden »Schliessungstetanus« der Druckpunkte wahrzunehmen. Ich hatte schon damals gefunden, dass die Discontinuität der Schliessungserregung nicht bei allen Druckpunkten gleich deutlich zu Tage tritt. Sehr gut liess sich dieselbe an der Lippenschleimhaut insbesondere in der Medianlinie nahe der Umschlagsstelle auf dem Kiefer beobachten. Die Druckpunkte dieser Gegend gerathen durch einen constanten Strom von mässiger Stärke in ein trillerartiges Schwirren. Hier gelingt auch am leichtesten der Nachweis der oscillatorischen Erregung durch einen constanten mechanischen Reiz (durch Reizhaare).

Wird eine grössere Zahl von Druckpunkten gleichzeitig gereizt, so verwischt sich in der Regel der oscillatorische Charakter der Erregung. Dies ist aber nicht der Fall, wenn die Nerven der Druckpunkte in ihrem Verlaufe erregt werden. Reizt man den Nervus ulnaris am Ellbogengelenk durch den constanten Strom oder mechanisch, oder ist ein Extremitätennerv in Begriff einzuschlafen bezw. aus diesem Zustande zu erwachen, so kann das Schwirren der Druckpunkte höchst deutlich und frei von schmerzhaften Sensationen zur Erscheinung kommen. Hierher gehören auch zahlreiche Parästhesien, welche als Kriebeln, Ameisenlaufen etc. beschrieben werden.

5. Die Druckpunkte sind Orte constanter immer wieder auffindbarer Lage auf der Haut. Innerhalb eines anatomisch gleichartigen Hautbezirkes sind die nachweisbaren Druckpunkte von ungleicher Schwelle. Ausserdem ist auch die Schwelle des einzelnen Punktes veränderlich. Namentlich auffällig ist die Erhöhung der Schwelle durch Ermüdung, von welcher man zwei Arten unterscheiden muss: eine locale physiologische und eine allgemeine psychische. Die locale Ermüdung wird durch wiederholte rasch aufeinanderfolgende Reizungen eines Druckpunktes herbeigeführt und äussert sich in der Nothwendigkeit, die Reizstärke zu steigern und den Angriffspunkt

des Reizes genau auf die empfindlichste Stelle zu richten. Man kann die Ermüdung eines Punktes so weit treiben, dass er erst auf Reize anspricht, welche bereits auf benachbarte Punkte übergreifen, also für isolirte Erregung zu stark sind. Sich selbst überlassen, kehrt der Punkt bald wieder in seine normale Empfindlichkeit zurück.

Die Ermüdungserscheinungen an isolirten Druckpunkten sind viel auffälliger, als man nach den aus täglicher Erfahrung bekannten Leistungen des Tastsinnes erwarten sollte. Der Unterschied beruht darauf, dass die Haut bei dem gewöhnlichen Gebrauch als Tastorgan bewegt wird, die mechanische Erregung also mit Aenderungen des Ortes und der Intensität stattfindet, so dass den einzelnen Druckpunkten Zeit zur Erholung gegönnt ist. Es liegen hier Verhältnisse vor, welche zu bekannten Erscheinungen aus dem Gebiete des Gesichtssinnes in naher Analogie stehen.

Geistige Abspannung und Ermüdung führt ebenfalls zur Erhöhung der Druckschwelle, wobei die Unfähigkeit, die Aufmerksamkeit auf die gereizte Stelle zu concentriren, wohl eine grosse Rolle spielt. Aehnliche Beziehungen hat unlängst H. Griesbach (13) zwischen geistiger Ermüdung und Grösse der Raumschwelle der Haut nachgewiesen. In dieser Richtung dürften auch Untersuchungen über die intensive Schwelle nicht uninteressante Ergebnisse versprechen. Im gleichen Sinne wirkt starkes Hervortreten subjectiver Empfindungen, wie das oben S. 20 bereits geschildert wurde.

Die Temperatur der Haut hat anscheinend geringen Einfluss auf den Werth der Druckschwellen. Hierfür spricht ein Versuch mit starker Abkühlung der Haut (Eintauchen in Wasser von 8° C.), den ich früher beschrieben habe (II. S. 285), sowie neuere durch Herrn Kiesow mit der Schwellenwage ausgeführte Versuche, welche an einem anderen Orte mitgetheilt werden sollen.

6. Die Bestimmung der Dichte der Druckpunkte, d. h. ihrer Zahl in der Flächeneinheit, ist eine für viele Fragen wichtige, für gewisse Versuche nothwendige Aufgabe. Dieselbe für die ganze Körperoberfläche zu lösen ist dem Einzelnen nicht durchführbar. Anderseits bringt die Trennnng der Rollen in Reagent und Beobachter neue Fehlerquellen herein, macht die Versuche umständlich und setzt ein Zusammenarbeiten von seltener Interessengemeinschaft und Adaptationsfähigkeit voraus. Man wird sich daher vorläufig mit einigen

Stichproben begnügen müssen, Bestimmungen, welche für besondere
Versuchszwecke an dem einen oder anderen Orte des Körpers vor-
genommen worden sind.

Für die behaarten Stellen der Körperoberfläche, das sind etwa
95 %, ist die Aufgabe dadurch erleichtert, dass die Dichte der Druckpunkte aus der Dichte der Behaarung erschlossen werden kann.
Leider ist über die Dichte der menschlichen Behaarung so gut wie
nichts bekannt, wenigstens ist sie meines Wissens niemals zum Gegenstand systematischer Untersuchung gemacht worden, obwohl, wie
S. EXNER (7) kürzlich gezeigt hat, der Frage von mehr als einer Seite
Interesse abzugewinnen ist.

Aus eigener Erfahrung kann ich folgende Angaben machen:

Obere Extremität	Fläche in cm²	Haare	Haare pro cm²
Oberarm Beugeseite	1	16	16
Unterarm, Mitte, radialer Rand der Dorsalfläche	1	26	26
Handrücken zwischen 3. und 4. Metacarpus	1	22	22
Mittelfinger 1. Phalange, Dorsalfläche	1	79	79
Untere Extremität			
Oberschenkel unteres Drittel, medialer Rand des			
Extensor cruris .	0.88	13	14.8
Kniescheibe.	8.0	180	22
Unterschenkel Wade .	1.0	9	9
andere Stelle .	9.74	99	10

Endlich finde ich bei EXNER (7, Sonderabdruck S. 11) die Angabe,
dass bei einem mässig dicht behaarten Kopfe etwa 300 Haare auf den
cm² kommen. Die Gesichtshaut, welche einen sehr dichten Bestand
feinster Härchen trägt, dürfte hinter dieser Zahl kaum zurückstehen.
Bei einer Körperfläche von 2 m² oder 20,000 cm² und einer mittleren Haardichte von 25 auf den cm² würde auf den Menschen
eine halbe Million Haare zu rechnen sein.

Sucht man eine behaarte Stelle nach den vorhandenen Druckpunkten ab, so finden sich dieselben, wie ich schon in früheren
Mittheilungen hervorgehoben habe (I. S. 190, II. S. 287), in einem
sehr charakteristischen Lageverhältniss zu den Haaren. Jedes Haar
hat einen Druckpunkt nahe seiner Austrittsstelle und in der Projection des schief stehenden Balges auf die Oberfläche. Der Verlauf
des Haares unter der Haut ist bei dunklen Haaren ein Stück weit

zu verfolgen. Er ist ferner dadurch festzustellen, dass das Haar in Bewegung geräth, wenn man die Oberfläche der Haut über dem Haarbalg mit einer Nadelspitze, Borste oder dergl. berührt. Reizung des Druckpunktes führt immer zu deutlicher Bewegung des Haares.

Man kann indessen nicht sagen, dass die Zahl der Druckpunkte ganz genau zusammenfällt mit der Zahl der Haare. Erstens stehen die Haare häufig paarweise oder zu dritt und dann so eng beisammen, dass es nicht immer gelingt, die Existenz gesonderter Druckpunkte nachzuweisen. Ausserdem finden sich innerhalb der behaarten Flächen verstreute Druckpunkte, denen kein Haar entspricht. Ueber die Häufigkeit dieses Vorkommens an der oberen Extremität fehlen mir vorläufig Zahlenbelege, doch ist sicher, dass die haarlosen Druckpunkte nur vereinzelt vorkommen. Nähere Angaben wird demnächst Herr Dr. Brahn machen, der bei Gelegenheit von Schwellenbestimmungen mit Hülfe von Reizhaaren dieser Frage Beachtung geschenkt hat. Auf der unteren Extremität habe ich ein 9.74 cm² grosses Stück der Wade daraufhin durchsucht und drei haarlose Druckpunkte gefunden.

Diese Angaben lauten allerdings sehr verschieden von denen A. Goldscheider's, welcher in Tafel V seiner Abhandlung (11) den Raum zwischen den Haaren mit Druckpunkten dicht erfüllt zeichnet. Es beruht dies zweifellos auf einem Irrthum, hervorgerufen durch ungenügende Abstufung der Reizstärken.

Ueber die Dichte der Druckpunkte an nicht behaarten Stellen folgen unten einige Angaben.

Fünfter Abschnitt.

Schwellenbestimmungen an Druckpunkten durch Reizhaare.

Bei Discussion der Versuchsergebnisse mit der Schwellenwage zeigten sich die auffälligen Schwankungen in den Flächenschwellen benachbarter Hautstellen abhängig von der Topographie und den Einzelschwellen der Druckpunkte. Es entstand daher die Aufgabe, die Punktschwellen zu bestimmen. Einen ersten Versuch in dieser Richtung stellt die in meiner ersten Mittheilung zur Sinnesphysiologie der Haut auf S. 188 enthaltene Tabelle dar, welche vor genauer Kenntniss der Beziehung der Druckpunkte zu den Haarbälgen entworfen wurde.

Die Reizhaare waren nach Drücken geaicht und als Maasseinheit
1 gr/mm² gewählt. Vergleicht man die dort aufgeführten Punktschwellen mit den auf der Schwellenwage erhaltenen Flächenschwellen, so sind die hohen Werthe der ersteren auffällig. Für die
Fingerspitzen ist z. B. dort der Werth 3 gr/mm² angegeben, während
die Flächenschwellen für dieselbe Stelle bis auf 28 mgr/mm² herabgehen, d. h. auf einen mehr als hundertfach kleineren Werth. Die
Unverträglichkeit dieser Befunde liess es fraglich erscheinen, ob die
Messung des Reizwerthes in hydrostatischen Drücken, welche für
grössere Flächen als nothwendig nachgewiesen worden war, für so
kleine Flächen noch angängig sei. Dass Zweifel in dieser Richtung
berechtigt waren, zeigte ein Versuch zur Schwellenbestimmung an
einer grösseren Zahl von Druckpunkten, wobei sich ergab, dass durch
ein Reizhaar von 8 gr/mm² mehr Punkte zu erregen waren als durch
ein anderes von 12.5 gr/mm².

Zur Prüfung der Frage wurden Reizhaare zugerichtet, welche
bei gleichem Druckwerth möglichst verschiedene Querschnitte und
Kräfte aufwiesen, z. B.

1tes Paar	31 μ	3020 μ^2	22 mgr	7 gr/mm²
	70 μ	15400 μ^2	110	7
2tes Paar	36 μ	4150 μ^2	82	20
	78.6 μ	18100 μ^2	360	20

Wurden die Haare eines solchen Paares abwechselnd benutzt,
um eine Zahl Druckpunkte zu erregen, so fand sich stets, dass das
Haar grösserer Fläche und Kraft trotz gleichen Drucks wirksamer war.

Der Widerspruch, in dem diese Erfahrungen zu den Ergebnissen
der Schwellenwage stehen, liess sich am besten erklären unter der
Annahme, dass die Organe des Drucksinns nicht ganz oberflächlich
gelegen sind und dass daher, sobald die vom Reiz getroffene Hautfläche sehr klein wird, der oberflächlich herrschende Druck im Niveau
des empfindlichen Organs nicht mehr voll zur Geltung kommt.

Um eine Vorstellung zu gewinnen über die Art, wie ein auf
die Oberfläche ausgeübter Druck in die Tiefe der Haut wirkt, wird
es zweckmässig sein die Versuchsbedingungen schematisch zu verein-
fachen. Denkt man sich eine homogene elastische Platte, von sehr grosser
Ausdehnung im Verhältniss zu ihrer Dicke (Haut), ausgebreitet auf einer

starren ebenen Unterlage (Knochen), so wird ein auf die freie Oberfläche der Platte ausgeübter Druck, wenn er auf eine Fläche wirkt, die klein ist im Verhältniss zur Dicke der Platte, nach der Tiefe zu rasch abnehmen, da die Theile im Innern der Platte nach der Seite ausweichen können. Die Deformation gewinnt mit wachsender Tiefe an Breite, was eine Abnahme des Druckes, ein Druckgefälle in der Ausbreitungsrichtung zur Folge haben muss. Wird dagegen die drückende Fläche gross im Verhältniss zur Dicke der Platte, so kann ein Ausweichen nach der Seite nur noch in beschränktem Maasse stattfinden, das Druckgefälle wird klein, d. h. der oberflächliche Druck wird mit nur geringer Abnahme nach der Tiefe fortgepflanzt. Im Grenzfalle endlich, bei gleichmässigem Druck auf die ganze Platte, wird das Gefälle streng gleich Null, die ganze Dicke der Platte befindet sich unter dem gleichen, nämlich dem oberflächlichen Druck.

Herr Professor W. Voigt in Göttingen, dem ich diese Ueberlegungen mittheilte, hatte die Güte, mich mit den Hülfsmitteln zur strengen Behandlung des Problems, zugleich aber auch mit den Schwierigkeiten bekannt zu machen, welche der Uebertragung der theoretischen Ergebnisse auf die in der Haut gegebenen Verhältnisse entgegenstehen. Es sei mir gestattet, ihm für sein freundliches Entgegenkommen auch an dieser Stelle meinen besten Dank auszusprechen.

Es erschien unter diesen Umständen richtiger, die Anwendbarkeit der ausgeführten Betrachtungen auf die bei den Schwellenbestimmungen an der Haut in Betracht kommenden Verhältnisse statt auf theoretischem Wege durch den Versuch am Modell zu erproben. Auf den Rath meines Freundes und Collegen Professor H. Ambronn

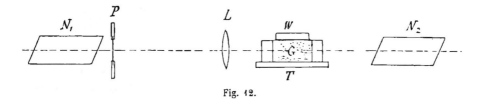

Fig. 12.

habe ich mich dazu folgender durch Fig. 12 schematisch dargestellten Versuchsanordnung bedient. Durch Eingiessen in einen aus Glasleisten hergestellten Trog T wurde eine Platte oder richtiger ein

Streifen Gelatine G von ca. 90 % Wassergehalt hergestellt. Die Dimensionen des Streifens waren:

Länge 82 mm   Breite 18 mm   Höhe 13 mm.

Dieser Streifen war in seinem Troge zwischen horizontal liegenden Nicol'schen Prismen N_1, N_2 so orientirt, dass er mit seiner Längsrichtung quer stand zur Axe der Nicols. Man sah also durch die Breite des Streifens, parallel zu seiner Oberfläche hindurch. Zwischen dem ersten Nicol und dem Leimstreifen war ein Gypsplättchen P Roth I. O. und eine Collimatorlinse L eingeschaltet, um eine gleichmässige Erhellung bezw. Färbung des Gesichtsfeldes zu erzielen. Zur Beleuchtung diente ein Auerbrenner.

Die Belastung der freien Oberfläche des Leimstreifens geschah durch kleine Gewichte W von prismatischer Form, deren Massen den Grundflächen proportional waren. Das kleinere Gewicht hatte bei einer Grundfläche von 2×16 mm die Masse von 5 g, das grössere bei einer Grundfläche von 8×16 mm die Masse von 20 g. Diese Gewichte wurden so aufgelegt, dass die 16 mm langen Seiten ihrer Grundflächen quer gerichtet waren, d. h. fast die ganze Breite des Leimstreifens 18 mm bedeckten. Der Zweck dieser Anordnung war, die Deformation des Streifens in querer Richtung auszuschliessen und sie nur in der Längsrichtung sowie nach der Tiefe zu gestatten, um den erwarteten optischen Effect zu steigern.

Frisch gegossene Leimstreifen waren optisch isotrop und auch die Längsleisten des Glastroges zeigten keine merkbare Doppelbrechung. Wurden nun die Polarisationsebenen des gekreuzten Nicols so orientirt, dass sie mit der Längsrichtung des Streifens Winkel von 45^0 bildeten und lag die längere Axe der Elasticitätsellipse des Gypsplättchens parallel zu jener Richtung, so mussten bei eintretender Belastung unter dem Gewichte Additionsfarben auftreten. Es zeigte sich dabei Folgendes:

1. Kleines Gewicht. Unmittelbar unter dem Gewicht ein schmaler Saum Roth II. O. Daran schliessen sich Schichten zunehmender Breite von Gelb, Grün, Blau II. O., welches weiterhin in Rot I. O. überging. Die gesammte Farbenänderung beschränkte sich auf die obere Hälfte des Leimstreifens, die untere Hälfte sowie die seitlichen Theile des Gesichtsfeldes haben ihre Färbe Roth I. O. nicht geändert.

2. Grosses Gewicht. Die Deformation der Oberfläche ist auch mit diesem Gewicht eine sehr geringfügige, die Farbenfolge dieselbe wie früher. Zuoberst wieder eine Zone Roth II. O. und nach unten anschliessend die übrigen Farben, aber jeder Farbe entspricht eine breitere Leimschicht, so dass das Blau ungefähr erst in halber Tiefe beginnt und bis auf den Grund der Gelatine herabreicht. Das Farbengefälle ist kleiner.

Man konnte den Versuch mit gleichem Erfolg auch in der Weise anstellen, dass beide Gewichte gleichzeitig in nicht zu kleinem Abstande auf die Gelatine gelegt und durch Verschiebung des Troges abwechselnd das eine oder andere in das Gesichtsfeld gebracht wurde. Es war fernerhin für das Ergebniss der Versuche gleichgültig, ob an den Schmalseiten des Troges die Glasleisten entfernt oder belassen wurden, vorausgesetzt, dass die Gewichte nicht in ihrer unmittelbaren Nähe aufgelegt wurden.

Da gleiche Farben gleichen Drucken entsprechen, so zeigt der Versuch, dass unmittelbar unter den Gewichten in beiden Fällen derselbe Druck herrscht, entsprechend der Proportionalität zwischen Belastungsfläche und Gewicht, dass aber die Druckabnahme nach der Tiefe unter der kleinen Fläche rascher erfolgt, und daher der Druck in gleicher Entfernung von der Oberfläche hier geringer ist als unter der grossen Fläche.

An der Berechtigung, diese Sätze auf die Haut zu übertragen, kann nicht gezweifelt werden, wenn auch im Einzelnen durch die inhomogene Beschaffenheit der Haut sowie durch ihre nicht ebenen Begrenzungen mancherlei Abweichungen stattfinden werden.

Angenommen also, es befinde sich ein für Deformation empfindliches Nervenendorgan in geringer Tiefe unter der Oberfläche, so wird, so lange dieser Abstand gegenüber dem Durchmesser der deformirenden Fläche zu vernachlässigen ist, das Organ von einem dem oberflächlichen merklich gleichen Druck getroffen. Nimmt aber der Durchmesser der deformirenden Fläche Werthe an von derselben Grössenordnung wie die Entfernung des Organs von der Oberfläche, so wird in dessen Niveau nicht mehr der oberflächliche, sondern ein geringerer Druck herrschen.

Es können also Reize, welche in Bezug auf den oberflächlich ausgeübten Druck gleich sind, ihre durch die Schwellenbestimmungen

innerhalb gewisser Grenzen nachgewiesene physiologische Gleichwerthigkeit nur unter der Bedingung für alle Grössen der Reizfläche
beibehalten, dass die erregten Organe in der Oberfläche liegen.
Ist dieses nicht der Fall, so muss es einen Grenzwerth der Reizfläche geben, unterhalb dessen dem Druckwerth nach constante Reize
nicht mehr physiologisch constant sein können. Da nun ein solcher
Grenzwerth für die Druckreize thatsächlich existirt, so
folgt, dass die Organe des Drucksinns nicht in der Oberfläche liegen.

Denkt man sich eine Stufenfolge mechanischer Reize von constantem Druck und abnehmender Fläche auf die Haut wirkend, so
werden alle Reize, deren Flächen über dem erwähnten Grenzwerth
liegen, unter den früher besprochenen Einschränkungen physiologisch
gleichwerthig, die Reize kleinerer Fläche aber schwächer sein. Zu
diesen Reizen schwächerer Wirkung gehören alle Reizhaare; ihr Querschnitt liegt unterhalb der kritischen Grenze.

Wenn nun die Aichung der Reizhaare nach Drucken nicht angängig ist, so giebt es vielleicht eine andere Beziehung zwischen
Kraft und Querschnitt, von welcher der Reizwerth so kleiner Flächen abhängig erscheint. Dass eine solche Relation ganz allgemein
für alle unterhalb des Grenzwerthes liegenden Flächen festgesetzt
werden könne, ist kaum anzunehmen. Wohl aber ist möglich, dass
innerhalb gewisser Querschnittswerthe die Aufstellung eines einheitlichen Maassstabes sich als durchführbar herausstellt. Versuche in
dieser Richtung ergaben, dass physiologische Gleichwerthigkeit für
Flächen von dem Querschnitt der gebräuchlichen Reizhaare zu erreichen war, wenn ihre Kraft nicht der Fläche, sondern dem Radius
proportional gemacht wurde.

Es wurde daher ein Satz von Reizhaaren sowohl wie bisher
nach Druckeinheiten, als auch nach dem neuen Maassstabe geaicht
und die Maasseinheit zu 1 gr/mm angenommen. Da diese Grösse
die Dimension einer Oberflächenspannung besitzt, so soll sie im Gegensatz zu der bisher gebrauchten Druckeinheit als Spannungs-
einheit bezeichnet werden. Die Angaben auf dem Griffe eines
derartig vorgerichteten Reizhaares lauten demnach:

$$29 \times 45 \quad (36) \; \mu$$
$$4100 \; \mu^2$$
$$57 \; mgr$$
$$14 \; gr/mm^2, \; 1.6 \; gr/mm.$$

Als Beispiel für die physiologische Gleichwerthigkeit von Reizhaaren gleicher Spannung möge der folgende Versuch dienen.

Eine Fläche von 2 cm² auf der linken Kniescheibe wurde fünffach vergrössert aufgenommen und die Austrittsstelle der Haare eingezeichnet. Zur leichteren Uebersicht wurde die Fläche in fünf Felder
getheilt und die Haare jedes Feldes nummerirt. Auf eine Trennung
der Doppelhaare wurde verzichtet. Auf 33 Nummern kommen 45
Haare, also 21 Einzel- und 12 Doppelhaare. Zur Reizung der in
der Nähe der Austrittsstellen in bekannter Richtung gelegenen Druckpunkte dienten drei Reizhaare A, B und C mit folgenden Constanten:

A	73.5 μ	17000 μ^2	150 mgr	8.8 gr/mm²	2 gr/mm
B	39 μ	4870 μ^2	78	16.0	2
C	20 μ	1260 μ^2	40	31.8	2

Die nachstehende Versuchstabelle enthält links die Nummern
der in den fünf Feldern vorhandenen Druckpunkte, rechts die Angabe,
ob das Haar A, bezw. B. oder C den betreffenden Punkt deutlich,
schwach oder gar nicht erregte.

		A	B	C
I.	1	0	0	0
	2	deutlich	deutlich	deutlich
	3	schwach	schwach	schwach
	4	0	0	0
	5	0	0	0
II.	1	0	0	0
	2	deutlich	deutlich	deutlich
	3	„	„	„
	4	0	0	0
	5	0	0	0
	6	0	schwach	schwach
III.	1	0	0	0
	2	0	0	0
	3	0	0	0
	4	0	0	0
	5	0	0	0

		A	B	C
	6	0	0	0
	7	deutlich	deutlich	deutlich
	8	0	0	0
	9	0	0	0
	10	sehr schwach	0	sehr schwach
IV.	1	0	0	0
	2	0	0	0
	3	schwach	schwach	schwach
	4	„	„	„
	5	0	0	0
	6	0	0	0
	7	schwach	schwach	0
	8	0	0	0
V.	1	deutlich	deutlich	deutlich
	2	0	0	0
	3	0	0	0
	4	0	0	0

Es liegen daher für fast alle Druckpunkte, für welche A über der Schwelle liegt, auch B und C über der Schwelle, woraus folgt, dass sie als gleichwerthige Reize zu betrachten sind. Es versteht sich von selbst, dass es mit dem stärkeren Haar leichter ist den empfindlichen Punkt zu treffen, es muss daher beim Gebrauch der dünnen Haare auf genaue Ortsbestimmung gesehen werden. Die Reizschwellen sind in diesem Versuche ziemlich hoch (vgl. weiter unten), was sich aus der starken Beugung des Kniees und Anspannung der Haut erklärt.

Gleiche Ergebnisse lieferten Versuche, welche auf der Streckseite des Unterarms, auf der Volarseite des Handgelenks (unbehaart) und auf der Beere des Ringfingers angestellt wurden.

Das dickste Reizhaar, welches bei den erwähnten Versuchen zur Verwendung kam, hatte einen Radius von 73.5 oder einen Durchmesser von etwa $\frac{1}{7}$ mm. Bis zu diesem Werthe war, wie die Versuche zeigen, eine Aichung nach Spannungseinheiten erlaubt. Andererseits ergaben die früher beschriebenen Versuche mit der Schwellenwage die Abhängigkeit des Reizwerthes von dem Drucke bis herab zu Flächen von 2 mm Durchmesser. Zwischen 2 mm und

¼ mm liegt also die Grenze, von welcher ab bei weiterer Verkleinerung der Reizfläche die Wirksamkeit des Reizes auf die Druckpunkte nicht mehr nach dem Druckwerth bestimmt werden kann.

Durch den Nachweis dieses Grenzwerthes, unter den alle Reizhaare fallen und der Möglichkeit, für so kleinflächige Reize eine Aichung nach einer anderen Maasseinheit zu bewerkstelligen, war eine zuverlässige Feststellung der Zahl der Druckpunkte, sowie ein Vergleich ihrer Reizbarkeit an verschiedenen Hautstellen überhaupt erst durchführbar. Es ist oben gelegentlich der Bestimmung von Druckschwellen für grössere Flächen auf den grossen Unterschied in der Empfindlichkeit oft ganz benachbarter Hautstellen hingewiesen und die Nothwendigkeit betont worden, die Lage und Reizbarkeit der einzelnen Druckpunkte zu berücksichtigen. Die nach Spannungseinheiten geaichten Reizhaare sind dazu brauchbar. Denn wenn sie auch eine Bestimmung der Schwellen nach den im Niveau des Organs allein maassgebenden Druckwerthen des Reizes nicht gestatten, so geben sie doch eine Vorstellung von der Grösse der Variation in der Empfindlichkeit, die zwischen den Druckpunkten einer Hautstelle bezw. verschiedener Hautstellen vorhanden sind.

Obwohl mir in dieser Richtung zahlreiche vereinzelte Erfahrungen zu Gebote stehen, so verfüge ich bisher doch nur über zwei Aufnahmen grösserer Hautflächen. Die eine betrifft einen Bezirk von 9.74 cm² auf meiner linken Wade; die andere Fläche von 16 cm² befindet sich auf der Beugeseite meines linken Handgelenks. Was die Technik des Aufsuchens und die Schwellenbestimmung der Druckpunkte anlangt, so mögen einige Bemerkungen gestattet sein. Es ist nicht zweckmässig mit den schwächsten Reizen zu beginnen, der Versuch wird sonst zu ermüdend und unsicher. Es empfiehlt sich mit einer Reizstärke, welche sicher alle Druckpunkte erregt, 5—10 gr/mm, den Anfang zu machen und sich einen ersten Ueberblick über die Lage zu verschaffen. Die Punkte grösster Empfindlichkeit werden mit Tinte markirt. Diese Ortsbestimmungen lassen sich mit den stärkeren Reizen rasch und mit ziemlicher Genauigkeit machen; es bedarf nur weniger, leichter Berührungen, so dass eine Ermüdung der Punkte so gut wie vollkommen vermieden werden kann. Die Benutzung einer vor dem Auge befestigten Uhrmacherlupe, sowie gute Beleuchtung (Auerbrenner und Schusterkugel) fördern sehr die Arbeit. Die erste Bestimmung bedarf natürlich einer Verbesserung, denn die starken Reize lassen die Orte grösster Empfindlichkeit zu ausgedehnt erscheinen und gestatten nicht eine Trennung eng zusammenstehender Punkte. Dies geschieht durch Nachprüfung mit schwächeren Haaren, die man wiederholt nach Stunden oder Tagen vorzunehmen hat. Die Correcturen werden am besten mit andersfarbiger Tinte nachgetragen und schliesslich durch kleinste Tröpfchen einer 10% Silbernitratlösung für längere Zeit fixirt. Die Zeichnung einer gut durchmusterten Hautstelle kann dann auf Gelatinepapier gepaust und in passender Vergrösserung auf Millimeterpapier übertragen werden. Es giebt dies eine Karte der Druckpunkte, in welcher die Schwellenwerthe bequem notirt werden können. Trägt man ausserdem noch durch die Haut sichtbare Venen, Furchen, Narben, Pigmentflecke der Haut und dgl. ein, so ist die Wiederauffindung sehr erleichtert. An behaarten Stellen bilden die Haare unveränderliche Merkzeichen, doch muss nach verstreuten haarlosen Druckpunkten in der angegebenen Weise gesucht werden.

Mühsamer als die topographische Aufnahme ist die Schwellenbestimmung. Die schwächsten Reize, die nur durch Reizhaare sehr kleinen Querschnitts zu erzielen sind, fordern genaues Treffen des empfindlichen Punktes, abseits desselben sind sie unwirksam. Eine sorgfältige topographische Aufnahme ist daher Vorbedingung. Nach einiger Uebung geht übrigens die Arbeit leichter von statten.

Die Versuchsergebnisse werden durch die Figg. 13 (Wade) und 14 (Handgelenk) so anschaulich dargestellt, dass eine weitere Beschreibung unnöthig erscheint. Die Figuren sind dreifache Vergrösserungen der betreffenden Hautflächen, die Druckpunkte sind in ihrer Lage und mit ihren nach Spannungseinheiten gemessenen Schwellen eingezeichnet. Das Netz gerader Linien begrenzt Quadrate von 1 cm Seite. Ueber die Häufigkeit der einzelnen Schwellenwerthe geben nachstehende Tabellen Aufschluss:

In Fig. 13.	Schwellen	Haare	Haarlose Druckpunkte	Summe	Procent
	0.5	8		8	11
	1.0	39	2	41	56
	2	14	1	15	21
	3	6		6	8
	4	3		3	4
		70		73	100

Für Doppelhaare ist nur eine einzige Schwelle, nämlich die niedrigste bestimmt. Es entsprechen daher 96 Haaren nur 70 Druck-

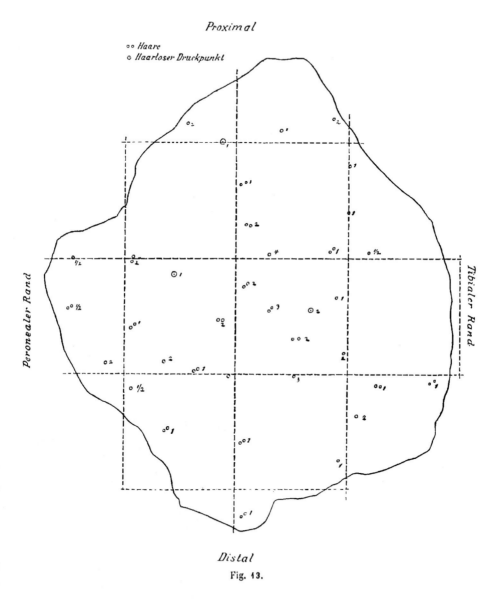

Fig. 13.

punkte. Der mittlere Schwellenwerth der 73 untersuchten Punkte ist 1.44 gr/mm.

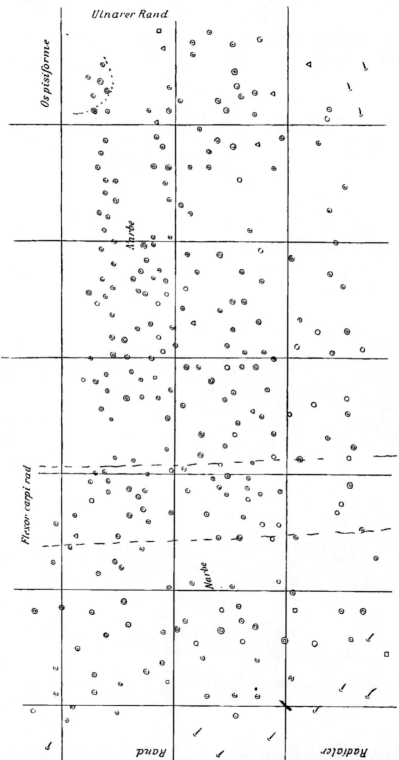

Druckpunkte von 0.5, 1, 2, 3, 4 gr/mm Schwelle   Haar

Zu Fig. 14.	Schwellen	Druckpunkte	Procent
	0.5	39	13
	1.0	182	60
	2	66	22
	3	11	3.5
	4	5	1.5
		303	100

Der mittlere Schwellenwerth der 303 Punkte ist 1.28 gr/mm.

Die Ergebnisse dieser Aufnahmen sind besonders in zwei Richtungen bemerkenswerth. Erstens geben sie eine Vorstellung von der Dichte der Druckpunkte. Auf der Wade sind, je nachdem man die Doppelhaare als einfache oder zweifache Druckpunkte rechnet, 7—10 Punte im cm². Auf dem Handgelenk schwanken die Zahlen zwischen 12 und 41 im cm². Man sieht ferner an dem letzteren Orte eine deutliche Zunahme der Dichte von den Rändern gegen die Mitte und hier wieder gegen die Hohlhand zu. Zweitens erweisen sich die in Spannungseinheiten angegebenen Schwellenwerthe an beiden Orten in gleiche Grenzen eingeschlossen; sie ergeben auch nahezu denselben Mittelwerth. Es ist sehr wahrscheinlich, dass diesem Befunde eine weitere Anwendung zukommt. Es lässt sich nämlich zeigen, dass der als Minimum angegebene Schwellenwerth von 0.5 gr/mm auch für andere Stellen den minimalen Reizwerth darstellt, so z. B. für die behaarten Flächen der oberen Extremität, ferner für den Daumenballen und die Fingerbeeren. Es hat ferner Herr Dr. Braun bei Gelegenheit von Schwellenbestimmungen, über die er demnächst berichten wird und die sich auf verschiedene Körpertheile erstrecken, diesen Werth als tiefsten an allen untersuchten Stellen wiedergefunden und ebenso stimmen seine höchsten Schwellenwerthe mit den oben angegebenen auffallend überein. Daraus ist zu schliessen, dass die Druckpunkte aller Hautflächen merklich dieselbe, innerhalb der angegebenen Grenzen schwankende Empfindlichkeit besitzen. Es möge daran erinnert sein, dass die Versuche mit der Schwellenwage auf die gleiche Schlussfolgerung führten.

Es ist damit natürlich nicht gesagt, dass ein gegebenes Gewicht, auf verschiedene Hautstellen gelegt, überall dieselbe Empfindungsstärke auslöst. Vorausgesetzt, dass es überall die Haut mit derselben Fläche berührt, so wird es an gewissen Stellen, z. B. an den sog. Tastflächen, eine grosse Zahl von Druckpunkten, an anderen nur wenige treffen. Nimmt man an, wozu nach den eben mitgetheilten Versuchen Berechtigung vorhanden ist, dass überall hochempfindliche und unterempfindliche Druckpunkte in ungefähr gleichem Verhältniss gemischt sind, so wird das Gewicht an der einen Stelle viele, an der anderen nur wenige, eventuell auch gar keinen hochempfindlichen Punkt treffen, dort also viel stärker erregen wie hier.

Die vorstehend beschriebenen Versuche lehren, dass die Erregung der Druckpunkte nur so lange von dem hydrostatischen Druckwerthe des Reizes abhängig erscheint, als die Reizfläche nicht unter eine gewisse Grösse sinkt. Anomalien der Erregung kommen indessen auch zur Beobachtung, wenn die Reizfläche über ein gewisses Maass hinaus wächst. Ein klassisches Beispiel dieser Art hat seinerzeit Meissner beschrieben (20): Taucht man die Hand in Wasser oder Quecksilber von der Temperatur der Haut, so entsteht in keinem Theil der untergetauchten Hautfläche eine Empfindung, speciell keine Druckempfindung, so lange Bewegung der Hand oder Berührung der Gefässwände vermieden wird. Dagegen treten Empfindungen auf an der Grenzlinie zwischen Flüssigkeit und Luft. Wie man jetzt weiss, würden die dabei auftretenden hydrostatischen Drücke an sich völlig ausreichen Druckempfindung zu erzeugen, denn die Versuche mit der Schwellenwage lehren, dass an empfindlichen Hautstellen Drücke von 2—3 Tausendtel einer Atmosphäre, wenigstens vorübergehend erkannt, werden können. Aber selbst wenn man die Wasser- und Quecksilberdrücke des Versuchs weit über diesen Werth steigert, indem man den Arm bis zum Ellbogen untertaucht, so ändert dies nichts an dem Ergebniss. Man kann den Versuch mit Vortheil auch so ausführen, dass man den Arm in eine Röhre steckt, wie sie für plethysmographische Versuche in Gebrauch sind, und den Luftraum durch eine Kautschukmanschette abschliesst. Steigerung des Luftdruckes im Innern der Röhre wird dann nur an den von der Manschette umschlossenen Hautflächen empfunden.

Diese Versuche sind das vollkommene Gegenstück zu den eingangs beschriebenen, bei welchen die durch den Druck erzeugte Deformation der Haut auch nach dem Aufhören des Drucks gefühlt wurde. Im vorliegenden Falle ist zwar genügend Druck vorhanden, es fehlt aber die Deformation und folglich die Empfindung. Die theoretische

Bedeutung dieses Verhaltens kann erst weiter unten erörtert werden. Die Grösse der Reizfläche, von welcher ab die Erregung durch einen gegebenen Druckwerth beschränkt oder verhindert wird, ist nicht bekannt.

Sechster Abschnitt.

Die Reizbarkeit der Haare.

Die überwiegende Mehrzahl der Druckpunkte des menschlichen Körpers ist der Erregung von zwei Seiten her zugänglich: entweder direct von der Hautoberfläche aus oder durch Vermittlung des Haarschaftes. Den »Einfluss der Haare auf den Drucksinn« haben zuerst AUBERT und KAMMLER (1) festzustellen versucht, indem sie Schwellenbestimmungen an denselben Hautflächen zuerst im behaarten, sodann im rasirten Zustande vornahmen. Nach dem Rasiren fanden sie die Schwellen ausnahmslos höher. Sie bemerken, dass durch die Zwischenschaltung der Haare die Fläche, mit welcher das Gewicht die Haut berührt, verkleinert, die Wirkung des Gewichtes also vergrössert werden müsse. Sie machen ferner aufmerksam, dass die meisten Haare schief stehen und daher aufgelegten Gewichten gegenüber wie Hebel wirken.

Die sinnesphysiologische Bedeutung der Haare dürfte weniger in der Wahrnehmung andauernder Belastungen, als in der Vermittlung jener flüchtigen Eindrücke liegen, die ich oben als Berührungsempfindungen bezeichnet habe. Es geht dies mit einer gewissen Wahrscheinlichlichkeit schon daraus hervor, dass bei der Verwendung des Drucksinns zum Tasten die unbehaarten Hautstellen bevorzugt werden. Gewichte. welche eine andauernde Druckempfindung veranlassen, werden von den Haaren nicht getragen, sinken auf die Haut nieder und erregen die Druckpunkte direct. Ausserdem weicht das Haar dem Reize leicht aus, verbiegt, verdreht sich und gleitet ab, wie das auch für die Reizhaare oben beschrieben worden ist. Alle diese Ueberlegungen sprechen dafür, dass die Haare weniger befähigt sind, über die Stärke, die Dauer und den Umfang, kurz über die tastbaren Eigenschaften der stattfindenden mechanischen Einwirkungen zu unterrichten, als über das Vorhandensein einer solchen überhaupt, ferner dass sie für constante Einwirkungen weniger empfänglich sind, als für flüchtige, von Ort zu Ort wandernde. Es bestehen demnach zwischen den behaarten und unbehaarten Theilen der Tastfläche functionelle Unterschiede, welche in mehr als einer Beziehung einen Vergleich mit den Leistungen der peripheren und centralen Netzhautpartien nahelegen. Auf das mit der Berührung der Haare häufig aber nicht nothwendig verbundene Kitzelgefühl kann erst bei einer anderen Gelegenheit eingegangen werden.

Da das Haar einen Hebel darstellt oder doch andringenden Reizen gegenüber in der Regel als Hebel functionirt, so lässt sich die zur Nervenerregung eben genügende Einwirkung nicht als Kraft oder Druck, sondern nur als ein Drehungsmoment ausdrücken. Biegt man ein Haar aus seiner Gleichgewichtslage um einen kleinen Winkel heraus, so bemerkt man, dass der Durchtrittspunkt durch die Haut seinen Ort nicht verändert; diese Stelle ist für kleine Drehungen das Hypomochlion. Man findet ferner, dass für die vorherrschend kurzen Körperhaare die zur Erregung nöthige Drehung ohne merkliche Krümmung des Haares erreicht wird. Der Schwellenwerth des Reizes wäre somit auszudrücken durch die Kraft, welche an dem Haarschaft senkrecht zu dessen Richtung angreifend zur Erregung genügt, multiplicirt mit ihrem Abstand vom Drehungspunkte. Um eine Vorstellung zu gewinnen über die Grössenordnung der in Betracht kommenden Werthe, habe ich folgenden Versuch ausgeführt:

Gewählt wurde ein Haar über dem Metacarpus indicis, 8 mm lang und nahezu gerade. Die Hand wurde so gelagert, dass das Haar horizontal gerichtet war. Nun wurden auf das Haar kleine an feinsten Coconfäden hängende Gewichte in Form von Reiterchen herabgelassen. Die Gewichte waren aus einem Streifen Lametta geschnitten, von welchem 40 cm 44.5 mgr, folglich 1 mm 0.1 mgr wogen. Das kleinste Reiterchen von 2 mm Länge auf die Spitze des Haares gesetzt, wurde nicht gefühlt, dagegen eines von 4 mm meistens bemerkt, wenn es auf die Spitze, nicht wenn es auf die Mitte des Haares gesetzt wurde. Hier wurde erst ein Gewicht von 0.8 mgr bemerkt. Reizschwelle des Haares 3.2 mgr/mm.

Zweiter Theil.
Die Schmerzempfindung.

Siebenter Abschnitt.
Die Schmerzpunkte und ihre Erregbarkeit.

Ueberschreitet die auf der Haut gesetzte Deformation ein gewisses Maass, oder geschieht sie in einer bestimmten noch näher zu bezeichnenden Weise, so folgt der Druckempfindung, begleitet sie oder geht ihr voraus der Schmerz. Der Erfolg hängt übrigens nicht allein ab von den näheren Bestimmungen des Reizes, sondern auch von der getroffenen Oertlichkeit. Ueber Flächen, auf welchen jeder überhaupt wirksame mechanische Reiz schmerzhaft empfunden wird (Cornea, Conjunctiva, Glans penis), ebenso über Flächen, auf welchen anderwärts sehr schmerzhafte Reize schmerzlos aber nicht empfindungsfrei sind (gewisse Bezirke der Mundhöhle), habe ich bereits bei einer früheren Gelegenheit mehrfach berichtet (II S. 293, III S. 180).

Die physiologischen Vorstellungen über das Zustandekommen der Schmerzempfindung werden meistens beherrscht von der Thatsache, dass es in der Regel starke Drücke, extreme Temperaturreize oder gar zerstörende Einwirkungen sind, welche Schmerz erregen. Es wird daher angenommen, dass es die Erregung tiefliegender Gebilde oder die starke Reizung beliebiger Nerven sei, welche schmerzhaft empfunden werde.

Die Thatsache einer hohen Schwelle für bestimmte Reize schliesst aber niedrige Schwellen für andere Reize oder für eine andere Wirkungsweise des gleichen Reizes nicht aus. Jedes nervöse Organ hat nur für gewisse günstigste oder adäquate Reize niedrige Schwellen. Aus der relativ hohen Lage der Schmerzschwelle für Deformationen kann demnach tiefe Lage der Organe oder des Sitzes der Erregung nicht gefolgert werden, so lange dasselbe Schwellenverhältniss nicht für alle Reize nachgewiesen ist. Ein solcher Nachweis ist aber nicht zu erbringen. Im Gegentheil konnte ich zeigen (II S. 290, III S. 180), dass für den chemischen Reiz, sowie unter gewissen Bedingungen auch für den elektrischen die Schmerzschwelle tiefer ist als die Druckschwelle, sodass für diese Reize die Organe der Schmerzempfindung anscheinend oberflächlicher liegen.

Die andere Annahme, dass der Schmerz durch starke Erregung beliebiger Nerven entstehe, lässt erwarten, dass jene Punkte der Haut, welche für Berührung am empfindlichsten sind, auch am leichtesten schmerzhaft erregbar sein werden.

Diese Folgerung ist bei Benutzung von Reizhaaren oder des früher beschriebenen Aesthesiometers leicht zu prüfen. Der Versuch wird zweckmässig an behaarten Stellen ausgeführt, weil durch die· Vertheilung der Haare bereits ein Hinweis auf die Lage der Druckpunkte gegeben ist. Tastet man mit einem Reize von 50 bis 60 Druckeinheiten ein kleines, haarloses, von einer Anzahl Haare umstandenes Hautfeld ab — es soll weiterhin als Zwischenhaarfeld bezeichnet werden — so wird man stets von mehreren Stellen desselben schmerzhafte Empfindungen auslösen, eine bestimmte topographische Beziehung dieser Stellen zu den in bekannter Weise vertheilten und leicht nachweisbaren Druckpunkten aber nicht nachweisen können. Man kann eine schmerzhafte Stelle ebensowohl in nächster Nähe des Druckpunktes oder (für die erreichbare Genauigkeit der Ortsbestimmung) mit ihm zusammenfallend finden, als auch in allen möglichen Entfernungen bis zur Grösse des Halbmessers des Zwischenhaarfeldes. Die Stellen maximaler Empfindlichkeit für schmerzhafte Deformation fallen demnach im Allgemeinen nicht mit den Druckpunkten zusammen.

Eine isolirte d. h. von Berührungs- und Druckempfindung freie Erregung der schmerzhaften Stellen ist auf diese Weise allerdings nicht erreicht. Es bedarf aber nur geringer Abänderungen des Versuchs, um auch dieser Forderung zu genügen. Dieselben sind:

Verkleinerung der Reizfläche,

Wahl grosser Zwischenhaarfelder,

Maceration der Epidermis.

Die Verkleinerung der Reizfläche liesse sich verwirklichen, indem man sehr feine Kopfhaare (Kinder- oder Frauenhaare) als Reize wählt; doch müssen diese zur Erzielung der nöthigen Kraftwerthe sehr kurz genommen werden, was, wie oben erwähnt, der gleichmässigen Wirksamkeit der Haare abträglich ist. Durch ihren starken Biegungswiderstand empfehlen sich für den Versuch Pferdehaare, denen man dadurch eine kleine Reizfläche verleihen kann, dass man an ihr freies Ende feine Cactusstacheln, z. B. von Opuntia leucotricha mit etwas Balsam anklebt. Ein derartig vorgerichtetes Haar stellt dann ein Reizinstrument dar, welches einerseits die Schärfe einer feinsten Nähnadel, anderseits die für die Abstufung der Kraft werthvolle Biegsamkeit des Haares besitzt. Solche bewaffnete, in das Aesthesiometer eingezogene Haare sind ein sehr brauchbares Werkzeug für Stichreize, dem höchstens nachzusagen ist, dass es sehr leicht in die Haut eindringt, was immerhin als eine Complication des Versuchs anzusehen ist. Ich habe mich daher schliesslich damit begnügt, das Ende des Haares wie einen Bleistift zu spitzen, was mit einem scharfen Scalpell unter der Lupe nicht die geringste Schwierigkeit hat. Man kann auf diese Weise den Querschnitt eines Pferdehaares von $\frac{1}{20}$ bis $\frac{1}{30}$ mm² auf ein Zehntel dieser Werthe reduciren, was für den Versuchszweck völlig genügt. Verletzung der Epidermis ist dann ausgeschlossen.

Ein zweiter wichtiger Punkt ist die Wahl solcher Hautstellen, wo die Haare weit auseinanderstehen, wie am Oberarm, namentlich aber an der unteren Extremität.

Endlich ist gründliche Durchfeuchtung der Epidermis vortheilhaft, wenn auch nicht unbedingt nöthig. Die Schmerzschwelle wird hierdurch erniedrigt. So ist z. B. die Kopfhaut nach dem Waschen gegen Bürsten sehr empfindlich.

Unter Beobachtung dieser Vorschriften gelingt es mit Sicherheit die Reizung zwischen den Haarbälgen so auszuführen, dass die schmerzhafte Empfindung ohne vorgängige oder begleitende Druckempfindung entsteht. Damit ist aber die Auffassung des Schmerzes als einer durch zu starken Reiz veränderten Druckempfindung ausgeschlossen und es ist die Folgerung unabweisbar, dass es sich um Erregung besonderer Organe handelt. Im Lichte dieser Erfahrung gewinnt auch der Nachweis isolirter, eng umschriebener mit den Druckpunkten im allgemeinen nicht zusammenfallender Orte maximaler Schmerzempfindlichkeit, der Schmerzpunkte, wie ich sie nach dem Vorgange aber nicht in dem Sinne Goldscheider's (11 S. 87) nennen will, eine andere Bedeutung. Sie sind ein Zeichen der ungleichmässigen Vertheilung specifisch schmerzempfindlicher Organe über die Haut.

Dass die Schmerzpunkte dort, wo sie in der Nachbarschaft der

Druckpunkte liegen, mechanisch nicht isolirt erregt werden können,
ist bei ihrer relativ hohen Deformationsschwelle selbstverständlich.
Dass sie den isolirt erregbaren, von der Lage abgesehen, gleichwerthig sind, beweist ihr völlig übereinstimmendes Verhalten gegen
wirksame Reize. Dasselbe ist durch folgende Eigenthümlichkeiten
ausgezeichnet.

1. Die durch mechanische Reize (Deformationen) auslösbare
Schmerzempfindung ist nicht nur von der Intensität des Reizes, sondern in sehr auffälligem Grade auch von seiner Dauer abhängig.
Ein gegebenes Reizhaar kann bei gleicher Deformation der Haut
je nach der Dauer seiner Einwirkung schmerzlos oder schmerzhaft
empfunden werden. Dieser Satz wird durch die tägliche Erfahrung
bestätigt, nach welcher anfänglich nicht schmerzhafte, geringfügige
Deformationen der Haut, Einschnürungen u. dgl. mit der Zeit schmerzhaft werden können. Schwache, der Schmerzschwelle naheliegende
constante Deformationen der Haut haben demnach ein deutliches
Latenzstadium, welches sich unter Umständen über viele Secunden
erstrecken kann. Dies ist die physiologische Form der Verspätung
der Schmerzempfindung, welche, wie NAUNYN (22) zuerst beob-
achtet hat, bei gewissen krankhaften Zuständen des Nervensystems
viel stärker hervortritt.

2. Die verschiedene Reaction der Druck- und Schmerzpunkte
auf constante Deformationen zeigt sich nicht nur zu Beginn des Reizes,
sondern auch im weiteren Verlauf. Setzt man das Reizhaar auf
einen Druckpunkt, so tritt, wenn überhaupt, die Empfindung augen-
blicklich auf, verblasst aber sofort wieder und wird meist nach
kurzer Zeit unmerklich. Man vergleiche hierüber die Ausführungen
auf Seite 48 und 50.

Auf dem Schmerzpunkt tritt dagegen die Wirkung verspätet ein,
gewinnt allmählich an Stärke, um nach Erreichung eines Maximums
wieder abzunehmen. Ist bei Aufhören des Reizes noch Empfindung
vorhanden, so verschwindet dieselbe nur sehr langsam. Der Schmerzpunkt kennzeichnet sich demnach in allen Stücken als das trägere
Gebilde. Damit hängt zusammen, dass oscillirende Reize elektrischer
oder mechanischer Natur auf dem Schmerzpunkt in der Regel zu
einer continuirlichen Empfindung verschmelzen, wenn die Periode
nicht sehr gross ist, während der Druckpunkt zur Wahrnehmung

oscillirender Reize besonders befähigt ist. Hierher gehören auch die Beobachtungen von Gad und Goldscheider (8) über die schmerzhafte Wahrnehmung von Inductionsschlägen, welche in geringer Zahl und in passenden Intervallen der Haut zugeführt werden. Einzeln unmerkliche Inductionsschläge können durch Wiederholung merklich werden. Ueber eine ähnliche Beobachtung vergl. II. S. 294.

Die ungleiche Beweglichkeit der als Druck- und Schmerzpunkte auf die Oberfläche der Haut sich projicirenden nervösen Einrichtungen hat den Vortheil, dass bei gleichzeitiger Reizung beider die Empfindungen sehr leicht gesondert werden können. Die Deformation wird, wenn sie sich in mässigen Grenzen hält, zuerst vom Druckpunkt wahrgenommen, dessen Erregung bereits verblasst oder gar schon verschwunden ist, wenn der Schmerz merkbar zu werden beginnt.

3. Mit den beschriebenen Erscheinungen verwandt ist eine interessante Beobachtung, welche von A. Goldscheider (10 und 8) herrührt. Drückt man den Kopf einer Stecknadel für einen Augenblick in die Haut, so folgt sehr häufig der dem Reize zeitlich entsprechenden Druckempfindung nach einem kurzen empfindungslosen Intervall eine zweite schmerzhafte Empfindung, welche bald wieder erlischt. Goldscheider erblickt in der Erscheinung einen Beweis für die secundäre Natur der Schmerzempfindung, welche erst im Rückenmark durch Summirung der Druckreize entstehen soll. Analysirt man jedoch den Vorgang genauer, wobei das Aesthesiometer mit zugeschärftem Haar gute Dienste leistet, so lässt sich die Erscheinung leicht in ihre Componenten zerlegen. Man findet

A. Auf schmerzfreien Druckpunkten fehlt die schmerzhafte Nachempfindung.

B. Schmerzpunkte in der Nähe von Druckpunkten zeigen die Erscheinung in der von Goldscheider angegebenen Weise.

C. Auf isolirt erregbaren Schmerzpunkten fehlt die den Reiz begleitende Druckempfindung, während die schmerzhafte Nachempfindung sehr deutlich auftritt.

Der Goldscheider'sche Versuch ist also zunächst nichts anderes, als ein besonderer Beweis für das ungleiche Verhalten zweier

nervöser Apparate demselben Reize gegenüber. Der Versuch
bietet indessen noch ein weiteres theoretisches Interesse durch das
Nachhinken der Erregung, worauf weiter unten noch einzugehen ist.

Achter Abschnitt.

Topographie der Schmerzpunkte.

Eine vollständige topographische Aufnahme der Schmerzpunkte
einer Hautfläche bietet erhebliche Schwierigkeiten durch deren dichte
Lage und hohe mechanische Schwellen. Eine Bestimmung mit
schwächsten Reizen ist nicht ausführbar; sie wird durch die lange
Latenz schmerzhafter Schwellenreize zu langwierig und ermüdend,
dazu auch unsicher. Man muss also deutlich überschwellige Reize
nehmen; dieselben stellen aber schon recht beträchtliche Deformationen der Haut dar und erschweren daher die Sonderung der dicht
liegenden Punkte. Den einzigen Weg, diese Schwierigkeit zu umgehen, bietet die möglichste Verkleinerung der Reizfläche. Die besten
Dienste haben mir die oben beschriebenen zugeschärften Pferdehaare
geleistet, welche in das Aesthesiometer eingezogen eine bequeme
Dosirung der Kraft gestatten. Erst mit diesem Hülfsmittel ist es mir
gelungen, die Schmerzpunkte einer Hautstelle so vollständig und scharf
zu bestimmen, dass eine nach mehreren Tagen wiederholte Prüfung
derselben Stelle die erste Aufnahme durchaus bestätigte.

Frühere Versuche, die ich mit Schweinsborsten vornahm, ge-
statteten wohl, die grössere Dichte der Schmerzpunkte gegenüber
den Druckpunkten zu erkennen, nicht aber die Sonderung nahe benachbarter Punkte genügend durchzuführen. Die damals bestimmte
Zahl von 63 Schmerzpunkten in 0.88 cm² einer Hautfläche des Ober-
schenkels oder rund 72 im cm² ist daher noch sicherlich zu klein.

Will man eine vollständige topographische Aufnahme erreichen,
so nehme man kleine Flächen von höchstens 20 mm² und theile sie
durch Hülfslinien in mehrere Abtheilungen. Eine im vergrösserten
Maassstabe ausgeführte Zeichnung der Fläche dient zum Eintragen
der gefundenen Punkte, wobei die feinen Furchen der Haut die
Orientirung sehr erleichtern. Die Aufsuchung geschieht mit der
Lupe. Da die Zwischenräume zwischen den Schmerzpunkten für die

gewählte Reizstärke häufig nicht vollkommen schmerzfrei sind, so ist nur ein solcher Punkt als ein Schmerzpunkt anzusehen, von welchem ausgehend die Erregung nach allen Seiten hin abnimmt.

Eine in dieser Weise ausgeführte Durchmusterung einer Hautfläche auf dem Handrücken über dem Metacarpus des Ringfingers (durch Fig. 15 in 16facher Vergrösserung dargestellt) ergab 16 Schmerzpunkte gegen 2 Druckpunkte in 12.5 mm². Wurde der Reiz verstärkt, so verwandelten sich die schmerzhaften Punkte mit der sich ausbreitenden Deformation in kleine mehr oder weniger sich deckende Flächen, die maximale Empfindlichkeit im Mittelpunkte der Fläche blieb aber bestehen. Von den beiden haartragenden Druckpunkten der Fläche lag der eine in einer grösseren von Schmerz-

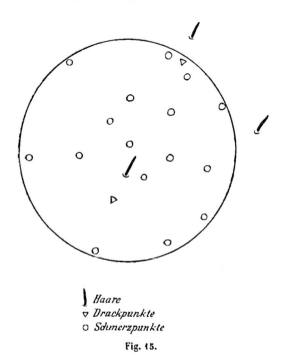

) *Haare*
▽ *Druckpunkte*
○ *Schmerzpunkte*

Fig. 15.

punkten freien Lücke, während dem zweiten Druckpunkte zwei Schmerzpunkte nahe benachbart waren. Vergleiche die Figur.

Nach diesem Versuche würden an dem genannten Orte durchschnittlich 1.3 Schmerzpunkte im mm² oder 100 bis 200 im cm² zu erwarten sein. Ich kann gegenwärtig nicht angeben, ob diese Zahlen auch für benachbarte Hautgebiete Gültigkeit haben; nach gelegentlichen Beobachtungen am Unter- und Oberarm bin ich aber sicher, dass auch dort ähnliche Werthe zu finden sein werden.

Eine wesentlich geringere Dichte der Schmerzpunkte habe ich auf der temporalen Fläche der Conjunctiva gefunden. Eine vor dem Winkelspiegel in fünffacher Vergrösserung ausgeführte Zeichnung der dort mit freiem Auge bei guter Beleuchtung sichtbaren Blutgefässe

erlaubt die gefundenen Punkte mit ziemlicher Genauigkeit einzutragen.
Es ist nicht zweckmässig, sehr schwache Reize (feine Haare) anzu-
wenden, weil bei der geringen Dichte der Punkte die Absuchung
zu zeitraubend und ermüdend sein würde. Die Aufnahme ergab in
29 mm² 35 Schmerzpunkte und 10 Kaltpunkte. Die Dichte nimmt
gegen den Cornealrand zu, gegen die Umschlagsstelle der Conjunctiva
ab. Ableitung einer Mittelzahl dürfte daher wenig Werth haben.

Die Aufnahmen auf der Conjunctiva sind, abgesehen von anderen
das Arbeiten am Auge störenden Umständen, noch dadurch erschwert,
dass die Lage der Punkte zu den Blutgefässen keine ganz constante
ist. Wie bekannt, besteht die Tunica propria der Conjunctiva aus
einer Reihe zarter bindegewebiger Häutchen, welche nur durch sehr
lockere Züge verbunden sind und sich daher mit ihren Gefässen
leicht gegen einander verschieben lassen. Streicht man die Conjunctiva durch das Lid hindurch mit dem Finger, so kann man anfänglich sich deckende Gefässschlingen von einander trennen und
eine gewisse Anschauung von der räumlichen Anordnung der Gefässe
gewinnen. Die Schmerzpunkte verschieben sich immer
in der Richtung des Streichens über die Gefässe hinweg,
liegen also oberflächlicher als diese.

Neunter Abschnitt.

Die Messung von Schmerzschwellen.

Die Vergleichung von Schmerzpunkten in Bezug auf ihre Erregbarkeit setzt voraus eine Vereinbarung über die Maasseinheit, in
welcher sie zu messen ist. Gebraucht man das Aesthesiometer,
d. h. ein Haar von constantem Querschnitt aber veränderlicher Länge,
so kann man die Erregbarkeit durch die zur eben merklichen Reizung
nöthige Länge messen. Die Schwelle liegt dann um so höher, je
kürzer das Haar. Ist die Scala des Aesthesiometers nach Kräften
geaicht, so wird man wegen der grösseren Anschaulichkeit und
leichteren Vergleichbarkeit die Messung nach diesen Werthen vor-
ziehen, da die Erregung zweifellos eine Function der Kraft des Reizes
ist. Will man aber die Wirkung verschiedener Aesthesiometer oder
Reizhaare mit einander vergleichen, so ist es nothwendig, auf die
Grösse der deformirenden Fläche Rücksicht zu nehmen, denn es ist

unmittelbar klar, dass ein und dasselbe Gewicht, je nach der Hautfläche die es belastet, verschieden schmerzhaft sein kann. Um ein
Urtheil zu gewinnen, welche Maasseinheit für den gegebenen Zweck
am besten geeignet ist, wurden zunächst nach Drücken geaichte
Reizhaare benutzt und an einer Anzahl Zwischenhaarfelder des Ober-
und Unterarms wiederholt folgender Versuch angestellt.

1. Das durch Farblinien umgrenzte und zur leichteren Orien-
tirung noch von einem Liniennetz durchzogene Feld wurde unter der
Lupe mit Reizhaaren gleichen Drucks aber möglichst verschiedener
Fläche abgesucht. Die Reizflächen schwankten zwischen 4000 und
34000 μ^2, entsprechend 36 bezw. 104 μ Halbmesser. Die Versuche
ergaben übereinstimmend merklich gleiche Wirksamkeit dieser Reize.
In vereinzelten Fällen konnten mit den dickeren Haaren gefundene
Schmerzpunkte durch die dünnsten Haare nicht erregt werden.
Man muss hierbei berücksichtigen, dass es mit den kleinen Reiz-
flächen schwieriger ist, den empfindlichen Punkt genau zu treffen.

2. Versuch am 11. October 1895. Ein Zwischenhaarfeld auf
der Volarseite des Unterarms wird auf Schmerzpunkte durchsucht
mit den Reizhaaren

	μ	μ^2	mgr	gr/mm^2	gr/mm
f	121.5	46400	2600	56	21.4
g	33 × 43 (38)	4460	250	56	6.6
h	33 × 58 (44)	6010	935	156	21.4

f und g haben gleichen Druckwerth, f und h gleichen Spannungswerth. Die Vergleichung ergiebt: Mit f lassen sich wenige, mit h
viele Schmerzpunkte nachweisen. Punkte, welche durch f erregbar
sind, sind es in der Regel auch durch g, es bedarf aber sehr sorg-
fältigen Absuchens. Die Erregung durch g ist nicht merklich schwächer
als durch f, dagegen ist h deutlich stärker reizend als f.

3. Versuch auf der Conjunctiva am 28. August 1895. Zu Grunde
gelegt wurde die in fünffach vergrössertem Maassstab ausgeführte
Karte eines Stückes Conjunctiva von der temporalen Fläche meines
rechten Auges, in welche durch frühere Bestimmungen die Lage der
Schmerzpunkte (sowie der Kaltpunkte) eingetragen war. Es wurden
innerhalb eines durch Gefässschlingen abgegrenzten Theiles der
mappirten Fläche die bekannten Schmerzpunkte abwechselnd berührt
durch die Reizhaare

| d | $3000\ \mu^2$ | $7\ gr/mm^2$ |
| e | $15400\ \mu^2$ | $7\ gr/mm^2.$ |

Die beiden Reize liegen nur für einen Theil der Schmerzpunkte über der Schwelle und zwar zeigt sich, dass alle Punkte, die von e erregt werden, bis auf einen auch durch d erregt werden. Hier kommt zu der Schwierigkeit, den Punkt mit der kleinen Fläche richtig zu treffen, noch die oben erwähnte Verschieblichkeit der Punkte über den als Marken dienenden Gefässen.

Aus diesen Versuchen folgt mit grosser Wahrscheinlichkeit, dass zur Erregung von Schmerzpunkten Reizhaare gleichen Druckes einander vertreten können, dass dagegen der für Druckpunkte maassgebende Spannungswerth nicht in Betracht kommt.

4. Der Vergleich wurde nunmehr auf grössere Flächen ausge-

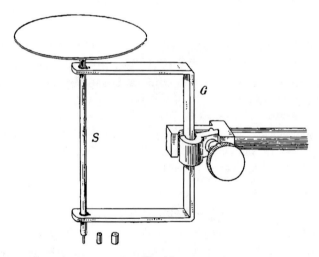

Fig. 16.

dehnt. Hierzu diente ein Messingstab S Fig. 16, welcher durch die Gabel G leichtgleitend hindurch gesteckt war. Das untere Ende verjüngte sich zu einem cylindrischen Stift von 0.9 mm Durchmesser, auf welchen nach Bedarf ein kleiner cylindrischer Messingstiefel von 2, 3 oder 4 mm Durchmesser aufgesteckt werden konnte. Das obere Ende des Stabes trug einen flachen Teller zum Auflegen von Gewichten.

Zum Versuche wurde zunächst an geeigneter Hautstelle ein möglichst empfindlicher Schmerzpunkt in weniger empfindlicher Umgebung ausgesucht, mit Farbe bezeichnet und vermittelst Reizhaaren auf seinen Schwellenwerth geprüft. Dann wurde der Messingstab aufgesetzt und auf den Teller so lange Gewichte gelegt, bis schmerzhafte Empfindungen angegeben wurden. Die nachstehende Tabelle enthält die Gewichte bereits auf die Flächeneinheit reducirt.

		Schmerzschwellen in gr/mm²	
Reagent	Ort	Reizhaar	Stab
F.	Epicondylus lat. humeri	30	20—30
	Ueber dem Radius	20	25
	Köpfchen der Ulna	40	37
	Kniescheibe	49	50
K.	Epicondylus lat. humeri	30	40—50
	Ebendort andere Stelle	25	20—30
	Capitulum ulnae	39	41
S. G.	Epicondylus lat. humeri	30	35
	Tibia	25	22—25
	Ebendort, andere Stelle	25	27

Die Versuche zeigen, dass die Vertretungsfähigkeit von Schmerzreizen gleichen Drucks, welche für Flächen von dem Querschnitt der Reizhaare zutrifft, bis zu Flächen von 12.6 mm² gültig bleibt. GRIFFING (14 S. 70), welcher den Einfluss der Reizfläche auf die Schmerzschwelle von 10 mm² aufwärts bis 270 mm² untersucht hat, findet die wirksamen Gewichte nicht proportional den Flächen, sondern langsamer wachsend. Es erscheint indessen zweifelhaft, ob für so grosse Flächen alle Theile der gewählten Hautstelle als gleichmässig gereizt angenommen werden dürfen. Vielleicht würde sich schliesslich bei grossen Flächen eine ähnliche Anomalie herausstellen, wie sie der MEISSNER'sche Versuch für den Drucksinn erweist.

Wie dem aber auch sei, soviel ist sicher, dass im Gegensatz zu den Druckpunkten innerhalb der untersuchten Flächengrössen ein Grenzwerth fehlt, unterhalb dessen eine Messung des Reizwerthes nach Druckeinheiten nicht mehr zulässig ist. Es sind höchstens die kleinsten in den vorstehenden Versuchen benutzten Flächen, Reizhaare mit etwa 30 μ Halbmesser, für welche es vorläufig zweifelhaft bleiben muss, ob sie noch in den Gültigkeitsbereich dieses Maassstabes gehören. Unter Bezugnahme auf die früheren Erörterungen über die Ausbreitung der Deformation und das Druckgefälle in elastischen Platten folgt aber dann aus den eben mitgetheilten Versuchen, dass die den Schmerzpunkten eigenthümlichen nervösen

Elemente oberflächlicher liegen müssen, als die der
Druckpunkte. Ihr Abstand von der Oberfläche ist wahrscheinlich
erst gegenüber einem Halbmesser der Reizfläche von etwa 30 μ
nicht mehr zu vernachlässigen. Unter diese Grösse herabzugehen
ist indessen aus technischen Gründen kaum möglich, so dass für alle
Reize, welche zur Schwellenbestimmung an Schmerzpunkten praktisch
in Betracht kommen, die Aichung nach Druckeinheiten durchgeführt
werden darf.

Ist damit die Frage nach dem Maassstabe im Wesentlichen als
gelöst zu betrachten, so ist die vergleichende Schwellenbestimmung
an Schmerzpunkten verschiedener Hautgebiete doch noch mit einigen
Schwierigkeiten verknüpft. Da die Latenzzeit wächst, wenn die
Reizstärke abnimmt, so ist es bei Schwellenbestimmungen schliesslich
schwierig zu sagen, wie lange man auf den Erfolg eines Reizes
warten will. Lässt man lange Latenzzeiten zu, so werden die Bestimmungen sehr ermüdend und unsicher. Es ist daher wohl besser,
die Länge der Latenzzeit zu beschränken und festzusetzen, dass alle
Reize, die nicht in kurzer Zeit wirksam werden, als unterschwellige
zu gelten haben. Nach diesem Princip ist bei der Aufstellung der
Tabelle verfahren worden, welche ich in II. S. 284 seinerzeit veröffentlicht habe. Als ein weiterer Beitrag können die oben angeführten Schwellenwerthe gelten, doch ist zu berücksichtigen, wie
auch schon erwähnt wurde, dass diese Werthe ausgesucht niedrige
sind, welche über die mittlere Schmerzempfindlichkeit des betreffenden Körpergebietes noch kein Urtheil gestatten, weil die örtlichen
Schwankungen ziemlich beträchtlich sind. Befriedigenden Einblick
könnten daher auch hier nur systematisch durchgeführte Bestimmungen
für alle Schmerzpunkte einer gegebenen Fläche gewähren, eine Aufgabe, die noch nicht in Angriff genommen ist.

Der einzige Ort, von dem mir der Umfang der Variationen
einigermassen bekannt ist, ist die Conjunctiva. Auf der temporalen
Fläche meiner rechten Conjunctiva sind durch 2 gr/mm² reizbare
Punkte nur ganz vereinzelt anzutreffen, die Reizung ist sehr schwach.
Mit 7 gr/mm² wird, wie der oben beschriebene Versuch zeigt, bereits
eine grössere Zahl der Punkte, etwa die Hälfte gereizt und mit
17 gr/mm² anscheinend alle, denn mit 26 gr/mm² hat sich eine
Zunahme der empfindlichen Punkte nicht nachweisen lassen.

Dritter Theil.
Beziehungen zwischen Druck- und Schmerzpunkten.

Zehnter Abschnitt.

Schwellenvergleichung.

Aus den mitgetheilten Versuchen über die Wahrnehmung defor-
mirender Einwirkungen folgt, dass die Haut zwei für hydrostatischen Druck bezw. dessen Aenderungen empfindliche Apparate besitzt,
deren Erregbarkeit aber eine sehr verschiedene ist. Ein Vergleich
der Erregbarkeit ist für solche Reize möglich, deren Reizflächen die
Aichung nach Druckeinheiten für beide Empfindungsarten gestatten,
nämlich für Flächen von 3.5 bis 12.6 mm² Inhalt. Dabei finden sich
für die Druckempfindung Werthe bis herab zu 20 mgr/mm² oder
0.002 Atmosphären, für die Schmerzempfindung 2 Atmosphären, die
Atmosphäre zu rund 10 gr/mm² gerechnet. Die Empfindlichkeit
der Nervenenden des Drucksinns ist demnach für Einwirkungen genannter Flächengrösse etwa 1000fach grösser,
als die der Schmerznerven.

Wird die Reizfläche kleiner, so büsst der Reiz, welcher angenommen constanten Druckwerth behalten soll, an Wirksamkeit für
die Druckpunkte sehr bedeutend ein, wie früher ausführlich gezeigt
worden ist. Meine ersten mit Reizhaaren angestellten Versuche,
eine Zahl für das Schwellenverhältniss aufzustellen, I. S. 188,
II. S. 285, ergaben daher nicht entfernt so grosse Werthe, wie sie
sich bei Reizung grösserer Flächen herausstellen. Da sich nun
ferner gezeigt hat, dass die Reizung der Druckpunkte ungefähr constant bleibt, wenn die Belastungen proportional den Halbmessern
abnehmen, so lässt sich voraussagen, dass die in Gewichten oder
auch in Drücken gemessenen Schwellenreize für Druck- und Schmerzpunkte sich um so weniger von einander unterscheiden werden, je
kleiner die gereizte Fläche wird, und dass bei genügender Verkleinerung schliesslich ein gegebenes Gewicht zwar Schmerz, aber nicht
Druckempfindung auslösen wird.

Es schien mir interessant, eine experimentelle Prüfung dieser Folgerung zu versuchen. Benutzt wurde ein Reizhaar mit den Constanten:

Halbmesser	0.018 mm
Fläche	0.001 mm²
Kraft	30 mgr
Druck	30 gr/mm²
Spannung	1.7 gr/mm.

Nachdem in der Ellenbeuge ein Zwischenhaarfeld hoher Schmerzempfindlichkeit gewählt worden war, wurde versucht, einzelne Schmerzpunkte mit dem beschriebenen Haar zu erregen, was in der That gelang. Die Empfindung war schwach, nicht andauernd, aber deutlich. Von den benachbarten Druckpunkten wurden einige durch das Haar erregt, für andere war es unter der Schwelle.

Durch den Versuch ist die Möglichkeit erwiesen, einen mechanischen Reiz herzustellen, der für Druck- und Schmerzpunkte durchschnittlich von gleicher Wirksamkeit ist. Zum Theil war jedoch bereits eine Umkehrung des Schwellenverhältnisses erreicht, indem der Reiz für manche Schmerzpunkte überschwellig, für manche Druckpunkte unterschwellig war.

Mit dieser eigenthümlichen Wirkung kleiner Flächen hängt zusammen, dass die Berührung mit eckigen, scharfkantigen, rauhen Gegenständen sehr leicht und im unmittelbaren Anschluss an die Druckempfindung schmerzhaft wird, auch wenn es nicht zu einer Verletzung der Epidermis kommt. Man ist daher bestrebt, die Gebrauchsgegenstände mit glatten und abgerundeten Flächen zu versehen.

Bei Berührung mit grösserer Fläche kommt dagegen die Druckempfindung immer mehr zur Geltung, und ist dann, wie an den eigentlichen Tastflächen, die Schmerzschwelle an sich noch eine hohe, so wird der Belastungsunterschied zwischen Druck- und Schmerzreizen ein ausserordentlich grosser. In dieser Richtung kommt noch ein weiterer Umstand in Betracht, nämlich die Wölbung der Tastflächen. Sie bewirkt, dass die erste Berührung im Allgemeinen mit kleiner Fläche erfolgen wird, die Druckpunkte also sofort mit relativ hohen Drucken beansprucht werden. Geschieht das Erfassen kräftiger, so wächst auch, sofern es sich nicht um sehr unregelmässig gestaltete Objecte handelt, rasch die Berührungsfläche und es muss die Kraft entsprechend steigen, wenn Schmerz auftreten soll. Namentlich kann gegen schmiegsame Objecte grosse Gewalt gebraucht werden, ohne dass der Angreifer Schmerz empfindet. Dabei geht die Druck-empfindung an den zuerst berührten Stellen relativ zurück, nicht nur weil die Berührungsfläche wächst, sondern weil damit auch das Druckgefälle im Innern der Haut abnimmt, oder gar wie bei dem Méissner'schen Versuch Null werden kann.

Elfter Abschnitt.
Anatomische Betrachtungen.

Auf Grund der vorstehend beschriebenen Erfahrungen lässt sich die Frage nach den nervösen Einrichtungen, durch welche Druck- und Schmerzempfindung der Haut vermittelt werden, schärfer stellen und beantworten. Vor allem ist hervorzuheben, dass für keine der beiden Empfindungsarten die Haut als eine gleichmässig reizbare Fläche sich erwiesen hat, dass vielmehr die Empfindlichkeit in ge-wissen Punkten concentrirt ist, zwischen welchen Reize nur dann wirksam werden, wenn sie sich auf die benachbarten Punkte aus-breiten. Auf diese Orte ist also die sinnesphysiologische Function der Haut beschränkt und es kann nicht zweifelhaft sein, dass in ihnen jene nervösen Einrichtungen zu suchen sind, welche in der Einleitung als die Sinneseinheiten oder Sinneselemente der Haut bezeichnet wurden.

Was zunächst die D r u c k e m p f i n d u n g anbelangt, so ist directe Nervenerregung ausgeschlossen und das Vorhandensein besonderer Empfangsorgane nothwendig, nicht nur durch die niedrigen mecha-nischen R e i z s c h w e l l e n im Vergleich zu denen der Nerven[1],

---

[1] Die Deformationsarbeit, welche zur mechanischen Erregung der Nerven einerseits, der Haut anderseits nöthig ist, lässt sich mangels genügender Versuchs-daten nicht genau angeben, wohl aber ihrer ungefähren Grössenordnung nach schätzen. Tigerstedt (29) fand als kleinste noch wirksame lebendige Kraft des Reizes für einen Froschischiadicus 0.2 gr/mm. Die Deformation wurde erzeugt durch einen Kupferdraht von etwa 1 mm Durchmesser, welcher auf den Nerven herabfiel und auf denselben quer zu liegen kam. Nimmt man für den Nerven eben-falls einen Durchmesser von 1 mm an, so ist die deformirte Fläche 1 mm^2, wobei die Wölbung des Drahtes wie die des Nerven vernachlässigt wird. Anderseits finden sich unter den Versuchen mit der Schwellenwage wiederholt Druckschwellen von

sondern auch durch das abweichende Verhalten der Erregung namentlich in zeitlicher Beziehung, wie das oben auseinandergesetzt wurde.
Die Wahl unter den der Haut eigenthümlichen sensiblen Nervenendigungen ist an den behaarten Stellen dadurch beschränkt, dass
das Haar selbst einen Theil, einen Hülfsapparat des Sinneselementes
darstellt. Es kann nur eine mit dem Haar oder seinen Hüllen in
fester Beziehung stehende, constant vorkommende Nervenendigung
in Betracht kommen. Diesen Anforderungen entspricht nach den
Angaben der Autoren, von welchen besonders BONNET (5) zu nennen
ist, nur jener Nervenkranz, welcher dicht unter der Mündung der
Talgdrüsen den Haarbalg umgibt und mit seinen Ausläufern bis an
die Glashaut vordringt. An Dickenschnitten der Haut, deren Nerven
durch Gold sichtbar gemacht sind, findet sich der erwähnte Nervenkranz nicht etwa nur vereinzelt, sondern, wie ich mich selbst überzeugte, mit der grössten Regelmässigkeit an jedem Haar.

An den haarlosen Hautflächen giebt die Zahl der Druckpunkte
einen ersten Anhaltspunkt. Es ist oben gezeigt worden, dass auf
der Beugeseite des Handgelenks die Zahl der Druckpunkte zwischen
12 und 44 im cm² schwankt und dass ihre Dichte gegen die Hohlhand zunimmt. Auf dem Daumenballen konnten innerhalb einer
Fläche von 12.6 mm² 14 Druckpunkte, innerhalb einer zweiten gleich-
grossen mehr distal gelegenen Fläche deren 17, endlich über dem
Metacarpus des kleinen Fingers 15 gezählt werden, entsprechend
111, 135 und 119 im Quadratcentimeter. Die grosse Zahl der Punkte
und die Dicke und Derbheit der Epidermis machen hier die Sonderung schwierig und in erhöhtem Maasse gilt dies für die Fingerbeeren, wesshalb dort eine Zählung nicht versucht wurde. Doch
lässt sich mit Hülfe der Reizhaare deutlich erkennen, dass hier
die empfindlichen Punkte noch dichter liegen, als auf den vorge-
nannten Orten. Nimmt man an, dass auf jeden Quadratcentimeter
der Hohlhand 100 Druckpunkte kommen, was hinter den wirklichen

---

24 mgr/mm². Die dabei auftretende Eindrückung der Haut überschritt, wie ich
mich durch besondere Versuche mit einem Fühlhebel überzeugte, nicht den Werth
von 0.05 mm und war wahrscheinlich noch geringer. Die von dem Reize pro
mm² an der Haut geleistete Arbeit betrug demnach, die Deformation proportional
der Kraft angenommen, $\frac{1}{2} \times 0.05$ mm $\times 0.024$ g $= 0.0006$ gr/mm. Die Arbeit
war also mindestens 300 mal kleiner.

Zahlen sicher weit zurückbleibt, so würden auf die Fläche der Vola von ungefähr 150 cm² 15000 Punkte zu rechnen sein. Auf Grund dieses Ueberschlages sind die Vater'schen Körperchen auszuschliessen, deren Herbst (15) 608 in der Hohlhand fand. Gegen diese spricht auch ihre tiefe Lage, sowie ihr Vorkommen an Orten (Zwischen-knochenmembranen des Unterarms und Unterschenkels, Gegend des Plexus coeliacus etc.), wo von einer Druckempfindung in dem Sinne, wie die Haut sie besitzt, nicht die Rede sein kann.

Es giebt unter den bekannten sensiblen Nervenendigungen der unbehaarten Haut nur eine einzige Form, welche der Forderung ge-nügender Häufigkeit entspricht, nämlich das Tastkörperchen von Meissner (19). Der Entdecker macht über ihr Vorkommen folgende Angaben:

Zahl der Tastkörper im mm² auf den Volarflächen.

3. Phalange .	21 [1]
2.	8
1. „	3
Metacarpus des kleinen Fingers	1—2

Die letzte dieser Zahlen stimmt mit der Anzahl der Druckpunkte an gleicher Stelle sehr gut überein.

Es mag ferner daran erinnert sein, dass aus den oben be-schriebenen Schwellenbestimmungen eine der Oberfläche sehr nahe aber nicht mit ihr zusammenfallende Lage der Organe des Druck-sinns angenommen werden muss. Auch in dieser Richtung entsprechen die Meissner'schen Körperchen den Anforderungen des Versuchs. Es kann demnach nicht zweifelhaft sein, dass sie als Organe des Drucksinns anzusprechen sind.

Die Schwierigkeit, welche für diese Auffassung früher darin bestand, dass die Körperchen, wenn nicht ausschliesslich so doch ganz überwiegend auf die unbehaarten Körpertheile beschränkt sind, kann als gehoben gelten, seitdem die Beziehung der Haare zum Drucksinn nachgewiesen ist. Das Haar, so weit es sinnesphysiologische Functionen besitzt, und das Meissner'sche Tastkörperchen sind ein-ander vertretende Organe, womit übrigens nicht gesagt ist, dass

---

[1]) Die Angabe: 108 Tastkörperchen in 2.2 ☐ mm (Kölliker 16, S. 184) beruht auf einem Umrechnungsfehler. Es soll heissen: 108 Tk. in einem Qua-drate von 2.2 mm Seitenlänge oder 4.84 mm² Fläche.

sie functionell völlig gleichwerthig sind. Vergl. die Bemerkungen
auf Seite 69.

Endlich möchte ich auf eine anatomische Eigenthümlichkeit der
Tastkörperchen hinweisen. MEISSNER giebt an, dass dieselben in der
Regel zwei markhaltige Nerven empfangen, manchmal drei, selten
nur einen. Man hat bisher diese Beobachtung verzeichnet, ohne
ihr eine Bedeutung zuschreiben zu können. Nun hat aber kürzlich
A. BETHE (2) in einer ausgezeichneten Arbeit gezeigt, dass die als
Nervenhügel bezeichneten Sinnesorgane der Froschzunge innervirt
werden durch eine relativ kleine Zahl von Nervenfasern, welche in
die Zunge eintreten. Indem diese Stammfasern sich mehrfach theilen,
kann jeder Nervenhügel mit zwei markhaltigen Aesten versorgt werden.
Das Eigenthümliche der Versorgung besteht darin, dass die beiden
Nerven eines Sinneshügels niemals aus derselben Stammfaser ent-
springen, sondern stets von verschiedenen, und dass die Aeste der
Stammfasern so zu zweien combinirt sind, dass Wiederholungen
nicht vorkommen. BETHE erblickt in diesem Vorkommen, wohl mit
Recht, eine Einrichtung, durch welche aus einer geringen Zahl von
Stammfasern (also mit Ersparung von Nervenmaterial) eine grosse
Zahl von Endapparaten so innervirt werden, dass die Erregung jedes
Endorgans von jedem anderen zu unterscheiden, mit anderen Worten
zu localisiren ist. Es scheint mir durchaus kein Zufall, dass die
MEISSNER'schen Körperchen, die Organe des Drucksinnes und haupt-
sächlichsten Träger des Ortssinnes der Haut, eine Innervation besitzen,
welche der eben beschriebenen an die Seite zu stellen ist. Denn
MEISSNER berichtet bereits nicht nur die Versorgung jedes Körperchens
mit in der Regel zwei Nervenfasern, sondern weiter, dass diese
Nerven aus Stammfasern hervorgehen und dass die Aeste einer
Stammfaser sich zu verschiedenen Papillen begeben. Ich zweifle
nicht, dass hierin eine Einrichtung zu erblicken ist, welche in dem
Sinne BETHE's die Unterscheidung der Sinneselemente durch Local-
zeichen ermöglicht ohne übermässige Belastung der Leistungsbahnen
mit Nervenfasern.

Die Empfindung des Schmerzes muss ihren Auslösungsort
noch näher der Oberfläche haben, als die Druckempfindung. Dies
wird gefordert durch die trotz Verkleinerung der Fläche unveränderte
Wirksamkeit von Reizen constanten Drucks, durch die niedrigen elek-

trischen Punktschwellen, durch das primäre Auftreten der Schmerzempfindung beim Anätzen der Haut. Näher der Oberfläche als die Tast- oder Druckkörperchen sind aber nur die intraepithelialen, freien Nervenendigungen, welche daher als die Organe der (oberflächlichen) Schmerzempfindung der Haut zu betrachten sind. Zu dem gleichen Schlusse wurde ich schon durch frühere Untersuchungen geführt, welche sich die Verbreitung der einzelnen Empfindungsarten der Haut über ihre Fläche zur Aufgabe setzten (I. S. 193; III. S. 173). Durch dieselben wurde festgestellt, dass in gewissen Gebieten der Haut einzelne Empfindungsarten fehlen; die dort vorhandenen Nervenendigungen müssen daher den übrig bleibenden Empfindungsarten entsprechen. So besitzt z. B. die Cornea ihren Randtheil ausgenommen nur Schmerzempfindung; ihre Nervenendigungen sind intraepitheliale. Der überall vorhandenen Schmerzhaftigkeit der Haut entspricht ein sehr verbreitetes Vorkommen der freien Endigungen im Epithel, wie durch zahlreiche Untersuchungen von Langerhans (18), Ranvier (24), Retzius (25), Kölliker (16) u. A. nachgewiesen ist.

Nennt man eine Endigung nur dann frei, wenn sie zwischen oder an undifferenzirten Zellen endigt[1]), so sind die Nerven der Merkel'schen Zellen (21) nicht als freie Endigungen anzusehen. Ihre Bedeutung ist dunkel. Die Angabe Merkel's, dass sie sich beim Menschen an den der Tastkörperchen entbehrenden Hautstellen finden, spricht gegen ihre Function als Tastorgane; der »Tastsinn« dieser Stellen ist bereits durch die Haare gedeckt.

Die freien intraepithelialen Endigungen sind an der Cornea am genauesten studirt. Die Art, wie sie aus den zutretenden Nerven entstehen, der frühe Verlust der Markscheide, die vielfachen Theilungen und Verflechtungen (Plexusbildung) lassen isolirte Leitung von Erregungen schwerlich zu und dürften mit dem thatsächlich schlechten Localisationsvermögen der Cornea in Beziehung stehen. Ob das Epithel der äusseren Haut, deren Localisationsvermögen für Schmerz ebenfalls gering, wenn auch nicht so schlecht wie das der Cornea ist, ihre freien Nervenenden in gleicher Weise zugetheilt erhält, ist nicht genau bekannt.

Schmerz kann nicht nur von der Oberfläche der Haut ausgelöst

---

[1]) Ich entnehme diese Definition einer brieflichen Mittheilung des Herrn Bethe.

werden. Die grosse Empfindlichkeit der Wunden und granulirenden
Flächen ist bekannt. Injectionen von Kochsalzlösungen in die Cutis
sind im Allgemeinen schmerzhaft, um so mehr, je weiter die Concentration von der isotonischen abweicht. Man vgl. darüber Schleich
(26). Neben einer directen Reizung der marklosen oder vielleicht
wenig Mark besitzenden Schmerznerven in ihrem Verlaufe ist übrigens die Endigung schmerzempfindender Fasern in anderen Theilen
der Haut als der Epidermis nicht ausgeschlossen. Die Venen der Haut
scheinen schmerzempfindlich zu sein. Contusion derselben führt zu
langdauernden, intensiven und eigenthümlich dumpfen Schmerz-
empfindungen.

Die hohe Reizschwelle, welche die freien Nervenenden der Epidermis, trotz ihrer oberflächlichen Lage, nicht verletzenden mechanischen Eingriffen gegenüber auszeichnet, ist aus der Widerstandsfähig-
keit des Epithels verständlich. S. Garten (9 S. 414) hat mit Hülfe von
einwandfreien Härtungsmethoden nachgewiesen, dass die Deformation
der Epidermis viel schwerer zu erreichen ist als die der Cutis. Letztere passt ihre Form den mechanischen Einwirkungen an, während
die Epidermis als eine schmiegsame aber nahezu unelastische Haut
ihre Dicke nicht ändert.

Zwölfter Abschnitt.

Bemerkungen zur Mechanik der Nervenerregung durch Druck- und Schmerzreize.

Auf die Frage, wie die Nervenerregung durch Druck- und
Schmerzreize zu Stande kommt, kann nur mit Hypothesen geantwor-
tet werden. Nachdem aber die vermittelnden Organe erkannt sind,
scheint es gerechtfertigt, auf Grund der anatomischen Verhältnisse
sowie der experimentellen Erfahrungen einige Ueberlegungen anzu-
stellen.

1. Die Druckempfindung.

Die Erregung findet, wie oben ausgeführt, nicht statt in Form
einer directen mechanischen Erregung der Drucknerven; es stellt
daher das Tastkörperchen nicht einen Apparat dar, welcher den
Druck als solchen auf den Nerven überträgt. Man kann einen Nerv

auf mechanischem Wege nicht dauernd erregen, am wenigsten durch so geringfügige Drucke, wie die Haut sie empfindet. Es bedarf also eines Zwischen- oder Auslösungsapparates, um die durch den Druck erzeugte Deformation in eine dauernde Arbeitsleistung am Nerven umzusetzen.

Die Physiologie kennt nur zwei Arten von Reizen, welche andauernde Erregung der Nerven bedingen: elektrische und chemische. Dass durch die deformirenden Einwirkungen im Tastkörperchen eine Störung des elektrischen Gleichgewichts herbeigeführt werde, kann nicht als unmöglich bezeichnet werden. Im Grunde läuft aber doch diese Annahme wieder auf Störungen des chemischen Gleichgewichtes hinaus, auf deren Betrachtung ich mich daher beschränke.

Die durch den mechanischen Reiz in dem Tastkörperchen hervorzubringende chemische Aenderung wird voraussichtlich keine eingreifende und stark umstimmende sein, namentlich keine solche, welche dem Organ einen lebhaften Stoffwechsel aufbürdet. Zwar ermüden die Tastkörperchen leicht, erholen sich aber sehr rasch wieder, auch ist es kaum möglich, sie selbst durch sehr langanhaltende mechanische oder elektrische Reize vollständig zu erschöpfen. Gegen einen lebhaften Stoffwechsel spricht ihre Entfernung von den Blutgefässen. Bekanntlich sind Blutgefässe und Tastkörperchen nur ausnahmsweise in einer Papille vereinigt. Am wahrscheinlichsten halte ich die Erregung durch Concentrationsänderungen, für welche verschiedene Gründe sprechen. Sie erregen den Nerven stark und andauernd ohne ihn zu schädigen; bei der Rückkehr zur normalen Concentration wird auch die ursprüngliche Erregbarkeit bald wieder hergestellt. Nun lehrt der Versuch, dass die Entstehung von Druckempfindung an die Deformation der Haut gebunden ist, und dass sie ausbleibt, wenn die Haut in ihrer ganzen Dicke unter den gleichen, beliebig hohen Druck gesetzt wird, also ein Druckgefälle fehlt. Druckdifferenzen im Inneren der Haut führen aber zur Verschiebung der Gewebsflüssigkeit, wie das Zurückbleiben der Druckbilder beweist. Hierbei können auch Concentrationsänderungen entstehen. Denkt man sich eine Lösung eingeschlossen in einen Raum, dessen Wände zwar für das Lösungsmittel, nicht aber für den gelösten Stoff durchgängig sind, so wird bei einer Drucksteigerung im Raume das Lösungsmittel austreten und die Concentration steigen.

Wendet man diese Vorstellung auf das MEISSNER'sche Körperchen
an, so muss man vor allem fragen, ob die wahrnehmbaren kleinsten
Drucke zur Herstellung erregender Concentrationen genügen. Diese
Frage lässt sich nicht allgemein beantworten, da man nicht weiss,
welche Stoffe in Betracht kommen. Die im Wesentlichen gleichartig
erregende Wirkung der verschiedensten Stoffe auf den Nerv lässt
schliessen, dass diese Stoffe reizen, nicht weil sie in den Nerven
eindringen, sondern weil sie eine im Nerven vorhandene Lösung
concentriren. Wie gross die Concentrationsänderung in einem Frosch-
nerv sein muss, um ihn zu erregen, ist nicht bekannt. Sollten für
das Tastkörperchen ausgiebige Concentrationsänderungen nöthig sein,
so ist zu bedenken, dass es dazu in der Regel sehr grosser Druck-
kräfte bedarf, weil die in den Körpersäften gelösten Stoffe im
allgemeinen sehr hohe osmotische Drucke entwickeln. Etwas anderes
wäre es, wenn Eiweisskörper in Betracht kämen. E. STARLING (28)
hat kürzlich gezeigt, dass die Eiweisskörper des Serums einen osmotischen Druck von 30—40 mm Hg entwickeln. Da ein Tastkörperchen auf einen Druck von 0.002 bis 0.003 Atmosphären oder
1.5 bis 2 mm Hg reagiren kann, so würde dies für Serum eine
Zunahme der Eiweissconcentration um $\frac{1}{20}$ des ursprünglichen Werthes
bedeuten. Ob eine solche Aenderung zur Erregung genügt, oder ob
Stoffe von noch geringerem osmotischen Druck in Betracht kommen,
muss dahingestellt bleiben.

Auf Grund der entwickelten Vorstellung gewinnt auch die leichte
»Ermüdbarkeit« der Druckpunkte, sowie ihre Empfindlichkeit gegen
rasche Druckschwankungen eine besondere Bedeutung, indem man
darin vielleicht nicht nur den Ausdruck nervöser, sondern auch phy-
sikalischer Eigenschaften des reizbaren Apparates zu erblicken hat.
Nimmt man nämlich an, dass die »halbdurchlässige« Wand für den
gelösten Stoff nicht absolut dicht ist, so wird die durch einen gegebenen Druck herbeigeführte erhöhte Concentration nicht constant
bleiben, sondern von einem anfänglichen Maximum herabsinken, welcher Aenderung dann auch die Erregung folgen müsste. Eine nähere Ausführung dieser Möglichkeiten ist indessen vorläufig nicht
beabsichtigt.

2. Schmerzempfindung.

Von den Gründen, welche gegen eine directe ·Wirkung des mechanischen Reizes auf die Nerven vorgebracht worden sind, gilt der eine auch für die Schmerznerven. Bei andauernder Deformation ist die Schmerzempfindung, schwächste Reize ausgenommen, andauernd. Constante Deformationen sind aber für den Nerv nicht constante Reize. Es ist also auch hier das Eintreten eines Zwischenprocesses, am wahrscheinlichsten in Form eines chemischen Vorganges anzunehmen.

Die Nerven der Epidermis liegen bekanntlich nicht in den Zellen, sondern in den durch die Intercellularbrücken durchzogenen Räumen zwischen den Zellen. Aendert die Flüssigkeit in diesen Räumen ihre Zusammensetzung, so tritt voraussichtlich Erregung ein. Wahrscheinlich tritt Flüssigkeit aus den Zellen in die Zwischenräume über und die Reizung erfolgt entweder, weil die an den Nerv herantretende Lösung zu verdünnt ist (in Folge Undurchlässigkeit der Zellwand für die in der Zelle gelösten Stoffe) oder weil neue fremdartige Stoffe an den Nerv gelangen. Für die teleologische Betrachtung ist die Annahme verlockend, dass es die schädigenden äusseren Einwirkungen bezw. die im Körper auftretenden pathologischen Processe sind, welche schmerzhaft empfunden werden. Welcher Art der oder die chemischen Körper sein sollen, welche die Schmerznerven erregen, bleibt unbekannt.

Unter allen Umständen dürfte ein mechanisch wichtiger Punkt nicht zu übersehen sein. Flüssigkeit kann aus den Zellen nur dann in die Zwischenräume austreten, wenn dort Platz geschafft wird, d. h. wenn die vorhandene Flüssigkeit nach anderen Orten ausweicht. Dies wird bei der ausserordentlichen Enge der Räume nur sehr langsam geschehen können, wodurch verständlich wird, dass die Schmerzempfindung auf mechanische Reize namentlich bei Schwellenreizen so träge eintritt. Auch die lange Nachdauer des Schmerzes ist auf diese Weise erklärlich, womit nicht gesagt ist, dass die träge Reaction der Organe des Schmerzes nur auf diesem Umstande beruht. Angesichts der Thatsache, dass der schmerzempfindende Apparat auch auf electrische Reize träge reagirt, wird die Annahme einer geringeren Beweglichkeit der Schmerznerven in ihren physiologischen Aeusserungen nicht zu umgehen sein.

Rückblick.

Die Ergebnisse der mitgetheilten Untersuchungen können in folgenden Sätzen znsammengefasst werden.

Zur Erregung von Druckempfindungen auf der Haut bedarf es einer Deformation derselben, oder im Sinne des Reizes gesprochen einer Belastung von endlicher Grösse. Belastungen von der Grösse des Schwellenreizes werden nur im Moment des Aufsetzens gefühlt (Berührungsempfindung), Dauer und Ende des Reizes bleiben unerkannt. Ueberschwellige Reize können dauernd, wenn auch mit abnehmender Intensität gefühlt werden. Die Entlastung wird stets schwerer wahrgenommen als die Belastung. Häufig überdauert die Empfindung den Reiz, wahrscheinlich in Folge der Deformation, welche derselbe in der Haut für einige Zeit zurücklässt.

Die Feinheit des Drucksinns einer Hautstelle kann nicht in Gewichten gemessen werden, weil für den Schwellenwerth des Reizes neben der Grösse der Belastung auch die Schnelligkeit ihres Einsetzens, sowie die Reizfläche von Bedeutung ist. Der Einfluss der Belastungssteilheit ist am auffälligsten bei geringen Werthen derselben, bei hohen Werthen wird er fast unmerklich. Aus der Combination verschiedener Gewichte mit verschiedenen Flächen ergiebt sich, innerhalb gewisser Grenzen der Reizfläche, dass Reize gleichen hydrostatischen Drucks gleich gefühlt werden. Die Erregung des Drucksinns erscheint demnach als eine Function des hydrostatischen oder Gewebsdruckes.

Die Druckwerthe in dem soeben bezeichneten Sinne, auf welche die Haut anspricht, sind innerhalb eines anatomisch einheitlichen Hautbezirkes von Ort zu Ort wechselnd, um so deutlicher, je kleiner die Reizflächen sind. Unter Verwendung von Reizhaaren lassen sich die empfindlichen Orte auf sehr umschriebene Stellen, sogenannte Druckpunkte, einengen. Die Druckpunkte sind feste, in den einzelnen Hautgebieten verschieden dicht gesäte, in ihrer Erregbarkeit veränderliche Orte der Haut, welche an den behaarten Körperstellen stets über den Haarbälgen zu finden sind. Gegenüber mechanischen und elektrischen Reizen zeichnen sich die Druckpunkte durch ihre grosse Beweglichkeit, sowie durch ihre Neigung zu oscillatorischer Erregung (Schwirren) aus.

Werden Reizhaare nach hydrostatischen Drucken geaicht, so findet man Reize gleichen Drucks physiologisch nicht gleichwerthig. Diese Abweichung von der für grössere Flächen gefundenen Regel lässt sich erklären unter der Annahme, dass die den Druckpunkten entsprechenden Nervenendigungen nicht ganz oberflächlich liegen. Man kann den kleinflächigen Reizen wieder gleiche Wirksamkeit er-theilen, indem man ihre Gewichte nicht den zweiten sondern den ersten Potenzen der Durchmesser proportional macht (Aichung nach Spannungswerthen). Mit Hülfe von derartig geaichten Reizhaaren ist die topographische Aufnahme der Druckpunkte einer Hautfläche, so-wie die Vergleichung ihrer Empfindlichkeit, der sogenannten Punkt-schwellen, ausführbar. Eine Beziehung auf die früher bestimmten Flächenschwellen ist vorläufig nur insofern möglich, als Orte niedriger Punktschwelle auch niedrige Flächenschwelle haben. In Bezug auf die Punktschwellen bestehen zwischen den verschiedenen Theilen der Körperoberfläche nur geringfügige Verschiedenheiten, die Variatio-nen sind überall in nahezu die gleichen Grenzen eingeschlossen, die mittlere Empfindlichkeit der Druckpunkte ist demnach überall annä-hernd gleich. Da indessen an Orten mit dicht gedrängten Druck-punkten mehr hochempfindliche Punkte auf die Flächeneinheit kommen müssen wie anderwärts, so erscheinen sie für eine gegebene Be-lastung empfindlicher.

Ebenso wie für sehr kleine Flächen Reize gleichen hydrostasti-schen Drucks aufhören gleichwerthig zu sein, so tritt auch bei sehr grossen Flächen eine Abnahme der Wirksamkeit auf, für welches ein besonders schlagendes Beispiel der Meissner'sche Versuch des Eintauchens der Hand unter Quecksilber darstellt. Die Abweichung von der Regel erklärt sich aus der Thatsache, dass zwar genügend Druck vorhanden ist, dagegen die zur Erregung der Haut nöthige Deformation der Haut fehlt.

An den behaarten Körperstellen liegen die Druckpunkte über den Haarbälgen. Ihr Verhalten gegen elektrische und mechanische Reize ist das geschilderte. Geschieht die Erregung nicht von der Haut aus, sondern durch Vermittlung des Haares, so kommt es nur zu Berührungsempfindungen. Die Reizschwellen der Haare sind als Drehungsmomente zu messen.

Die Fähigkeit zur Schmerzempfindung ist für Schwellenreize ebenfalls auf bestimmte, sehr dicht gedrängte Orte der Haut, die sogenannten Schmerzpunkte beschränkt, deren Vertheilung von den Druckpunkten ganz unabhängig ist. Isolirte Schmerzpunkte können ohne jede Druckempfindung erregt werden.

Physiologisch sind die Schmerzpunkte ausgezeichnet durch eine für schwache Reize sehr lange Latenz und durch grosse Trägheit gegenüber rasch sich ändernden bezw. oscillirenden Reizen, welche zuweilen die Form des Nachhinkens oder der fälschlich sogenannten secundären Empfindung annehmen kann. Ueber die Dichte der Schmerzpunkte sind noch wenig Angaben zu machen. Man kann annehmen, dass sich durchschnittlich über 100 im cm² finden.

Die Erregung der Schmerzpunkte ist ebenfalls eine Function des hydrostatischen Druckes. Reize gleichen Druckes sind physiologisch gleichwerthig, gleichgültig ob ihre Fläche gross oder klein ist, bis herab zum Querschnitt der feinsten Reizhaare. Es folgt daraus, dass die Nerven der Schmerzpunkte näher der Oberfläche enden müssen als die der Druckpunkte.

Für solche Reizflächen, welche in Rücksicht auf die Druckpunkte eine Messung des Reizes nach hydrostatischen Drucken gestatten, ist ein Vergleich der Empfindlichkeit der beiden nervösen Apparate möglich. Die Druckpunkte haben eine etwa tausendfach grössere Empfindlichkeit als die Schmerzpunkte. Mit der Abnahme der Reizfläche gewinnt aber ein gegebener mechanischer Reiz relativ an Wirksamkeit für die Schmerzpunkte, derart dass für sehr kleinflächige Reize die Schmerzschwelle tiefer liegen kann als die Druckschwelle. Grossflächige Reize wirken dagegen überwiegend auf den Drucksinn, insbesondere sind die sogenannten Tastflächen derart eingerichtet, dass die Entstehung der Druckempfindung begünstigt ist.

Die Organe der Druckempfindung sind an den behaarten Körperstellen die Nervenkränze der Haare, an den unbehaarten Stellen die Meissner'schen Körperchen. Ihre von Meissner gefundene Zahl von 100 bis 200 im cm² der Hohlhand deckt sich mit der dort nachweisbaren Zahl der Druckpunkte.

Die Schmerzempfindung der Haut stammt, soweit es sich um

oberflächliche Schmerzempfindung handelt, von den freien intraepithelialen Nervenendigungen.

Für die Organe der Druckempfindung wie für die des Schmerzes kann eine directe Erregung durch den mechanischen Reiz nicht angenommen werden. Die Nerven der Druckpunkte werden wahrscheinlich erregt durch Concentrationsänderung in der umgebenden Flüssigkeit, hervorgerufen durch die Steigerung des Gewebsdruckes. Die Erregung der Schmerznerven ist voraussichtlich auch eine chemische. Die hohe mechanische Reizschwelle erklärt sich aus der Festigkeit der Epidermis, welche deformirenden Einwirkungen einen sehr grossen Widerstand entgegensetzt.

Litteraturverzeichniss.

1. Aubert & Kammler, Untersuchungen über den Druck- und Raumsinn der Haut. Moleschott's Untersuchungen Bd. 5 S. 145.
2. A. Bethe, Arch. f. mikr. Anat. Bd. 44 S. 185.
3. M. Blix, Zeitschr. f. Biologie Bd. 21 S. 145.
4. A. M. Bloch, Archives de physiologie 1891 p. 322.
5. R. Bonnet, Morpholog. Jahrb. Bd. 4 S. 329 (1878).
6. R. Dohrn, Zeitschr. f. rat. Med. 3. Reihe Bd. 10 S. 339 (1861).
   S. Exner, Wiener klin. Wochenschr. 1896 No. 14.
8. J. Gad & A. Goldscheider, Zeitschr. f. klin. Med. Bd. 20. S. 339.
9. S. Garten, Du Bois Arch. 1895 S. 401.
10. A. Goldscheider, Zur Lehre von den specifischen Energien der Sinnesorgane. Diss. Berlin 1881.
11. —— Du Bois Arch. 1885 Suppl. S. 1.
12. F. Goltz, Centralbl. f. d. med. Wiss. 1863 S. 273.
13. H. Griesbach, Arch. f. Hygiene Bd. 24 S. 124.
14. H. Griffing, Psychological Review, Monograph Supplement, February 1895.
15. Herbst, Die Pacinischen Körperchen u. ihre Bedeutung, Gött. 1848.
16. A. v. Kölliker, Handb. d. Gewebelehre, Leipzig 1889. I. S. 170.
17. J. v. Kries, Du Bois Arch. 1884 S. 337.
18. P. Langerhans, Virch. Arch. 44 S. 325 (1868).
19. G. Meissner, Beiträge zur Anatomie u. Physiologie der Haut. Leipzig 1853.
20. —— Zeitschr. f. rat. Med. 3. Reihe Bd. 7 S. 92, 1859.
21. F. Merkel, Ueber die Endigung der sensiblen Nerven in der Haut der Wirbelthiere. Rostock 1880.
22. B. Naunyn, Arch. f. exp. Path. u. Pharm. Bd. 25 S. 272, dort auch frühere Litteratur.

23. H. Quincke, Zeitschr. f. klin. Med. Bd. 17 S. 429.

24. L. Ranvier, Traité technique d'histologie. Deutsch von Nicati u. Wiss. Leipzig 1877—1888.

25. G. Retzius, Biolog. Untersuchungen N. F. Bd. 4 1892 S. 45 Tafel XV.

26. Schleich, Schmerzlose Operationen, Berlin, Springer 1894.

27. W. Spalteholz, His & Braune Arch. 1893 S. 1.

28. E. Starling, Journal of Physiology T. 19 p. 312.

29. R. Tigerstedt, Studien über mechanische Nervenreizung, Helsingfors 1880.

I. M. v. Frey, Berichte der math.-phys. Classe der kgl. sächs. Ges. d. Wiss. 2. Juli 1874.

II. —— Ebenda 3. Dec. 1894.

III. —— Ebenda 4. März 1895.

Verzeichniss der Figuren.